영재교육원 대비

꾸러미
48제 모의고사
파이널

수학
초등4~5

무한상상

무한상상 영재교육 연구소

영재란 재능이 뛰어난 사람으로서 타고난 잠재력을 개발하기 위해 특별한 교육이 필요한 사람이고 , 영재교육이란 영재를 발굴하여 타고난 잠재력이 발현될 수 있도록 도와주는 것입니다 . 그렇지만 우리 아이가 특별히 영재라고 생각하지 않는 경우가 많습니다 . 단지 몇몇의 특성과 문제를 가지고 있는 경우가 다반사입니다 . 지능지수가 높다고 해서 모두 영재는 아니며 지능지수가 낮다고 영재가 아닌 것도 아닌 것입니다 .
영재는 '동기유발' 상태에 있는 것은 맞습니다 . 새로운 체험과 그 것을 바탕으로 나오는 내부로부터의 열정 등이 '동기유발' 을 시킬 것이고 우리 자녀의 미래의 모습을 결정할 것입니다 .

새로운 경험으로서 자녀를 영재교육원에 보내는 것은 바람직합니다 . 한 단계 높은 지적 영역을 경험하기 때문입니다 . 그렇지만 영재교육원 선발 시험 문제는 정확한 기준이 없기 때문에 별도의 학습이 필요합니다 . 기출문제 , 창의문제 , 탐구문제 , 요즘 강조되는 STEAM 형 (융합형) 문제를 골고루 다뤄볼 필요가 있습니다 . 또한 실생활에서의 경험을 근거로 한 문제 해결도 필요합니다 .

아이앤아이 영재교육원 대비 시리즈의 최종판인 '꾸러미 48 제 모의고사' 는 8 문항씩 6 회분의 모의고사를 싣고 있습니다 . 1 회분 8 문항은 영재성검사 해당문항 1 문항 , 창의적 문제해결력 해당문항 6 문항 , STEAM 형 (융합형) 문제 1 문항으로 구성되어 있습니다 . 기출문제 , 창의문제 , 탐구문제 , STEAM 형 (융합형) 문제가 모두 포함되도록 하였습니다 .
'꾸러미 48 제 모의고사' 시리즈는 초 1~3, 초 4~5, 초 6~ 중등 3 단계로 나누었고 수학 , 과학 두 영역을 다루므로 다루므로 총 6 권으로 구성됩니다 . '초등 아이앤아이3,4,5,6'(전 4 권), '수학·과학 종합대비서 꾸러미' (전 4 권) 에 이어서 '꾸러미 120 제 수학 , 과학' (전 6 권) 을 학습한 경우 약 1 주일의 시간을 두고 '꾸러미 48 제 모의고사' 로 대비를 완결지을 수 있을 것입니다 . 해설 말미에 점수표를 확인하여 우리 아이의 수준을 확인할 수도 있습니다 .

아이앤아이 영재유원 대비 시리즈를 통해 영재교육원을 대비하는 아이들과 부모님께 새로운 희망과 열정이 솟는 첫걸음이 되길 기대해 봅니다 .

- 무한상상 영재교육 연구소

영재교육원에서 영재학교까지

01. 영재교육원 대비

아이앤아이 영재교육원 대비 시리즈는 '영재교육원 대비 수학·과학 종합서 꾸러미', '꾸러미 120 제'(수학 과학), '꾸러미 48 제 모의고사'(수학 과학), 학년별 초등 아이앤아이(3·4·5·6 학년), 중등 아이앤아이(물·화·생·지)(상, 하) 등이 있다. 각자 자기가 속한 학년의 교재로 준비하면 된다.

초등영재
[초등대상 영재교육원 지원자]

꾸러미 1·2·3 학년	+	꾸러미 120 제 초등 1~3 / 꾸러미 48 제 모의고사	+	아이앤아이 초 3, 과학도서
꾸러미 4·5 학년	+	꾸러미 120 제 초등 4~5 / 꾸러미 48 제 모의고사	+	아이앤아이 초 4,5, 과학도서
꾸러미 6 학년	+	꾸러미 120 제 초 6 ~ 중등 / 꾸러미 48 제 모의고사	+	아이앤아이 초 6, 과학도서

중등영재
[중등대상 영재교육원 지원자]

꾸러미 중등 + 꾸러미 120 제 초 6 ~ 중등 / 꾸러미 48 제 모의고사 초 6 ~ 중등 + 과목별 중등 아이앤아이 / 과학도서

02. 영재학교/과학고/특목고 대비

영재학교 / 과학고 / 특목고 대비교재는 세페이드 1 F(물·화), 2 F(물·화·생·지), 3 F(물·화·생·지), 4 F(물·화·생·지), 5 F(마무리), 중등 아이앤아이(물·화·생·지) 등이 있다.

	세페이드 1F	세페이드 2F	세페이드 3F	세페이드 4F	세페이드 5F	+ 중등 아이앤아이 (물·화·생·지)	
현재 5 ·6 학년	주 1~2 회 6~9 개월 과정	주 2 회 9 개월 과정	주 3 회 8~10 개월 과정	주 3 회 6 개월 과정	주 4 회 2~3 개월 과정		총 소요시간 31~36 개월
현재 중 1 학년		주 3 회 6 개월 과정	주 3 회 8 개월 과정	주 3 회 6 개월 과정	주 3~4 회 3 개월 과정		총 소요시간 약 24 개월
현재 중 2 학년		3 개월 과정	4 개월 과정	4 개월 과정	2 개월 과정		총 소요시간 약 13 개월

각 선발 단계를 준비하는 방법

▶ 교사 추천

교사는 평소 학교생활이나 수업시간에 학생의 심리적인 특성과 행동을 관찰하여 학생의 영재성을 진단하고 평가한다. 특히, 창의성, 호기심, 리더십, 자기주도성, 의사소통능력, 과제집착력 등을 평가한다. 따라서 교사 추천을 받기 위한 기본적인 내신관리를 해야 하며 수업태도, 학업성취도가 우수하여야 한다. 교과 내용의 전체 내용을 이해하고 문제를 통해 개념을 정리한다. 이때 개념을 오래 고민하고, 깊이 있게 이해하여 스스로 문제를 해결하는 능력을 키운다. 수업시간에는 주도적이고, 능동적으로 수업에 참여하고, 과제는 정해진 방법 외에도 여러 가지 다양하고 새로운 방법을 생각하여 수행한다. 수업 외에도 흥미를 느끼는 주제나 탐구를 직접 연구해 보고, 그 결과물을 작성해 놓는다.

▶ 영재성 검사

잠재된 영재성에 대한 검사로, 영재성을 이루는 요소인 창의성과 언어, 수리, 공간 지각 등에 대한 보통 이상의 지적능력을 측정하는 문항들을 검사지에 포함 시켜 학생들의 능력을 측정한다. 평소 꾸준한 독서를 통해 기본 정보와 새로운 정보를 얻어 응용하는 연습으로 내공을 쌓고, 서술형 및 개방형 문제들을 많이 접해 보고 논리적으로 답안을 표현하는 연습을 한다. 꾸러미시리즈에는 기출문제와 다양한 영재성 검사에 적합한 문제를 담고 있으므로 풀어보면서 적응하는 연습을 할 수 있다.

▶ 창의적 문제 해결력(학문적성 검사)

창의적 문제해결력 검사는 수학, 과학, 발명, 정보 과학으로 구성되어 있으며, 사고능력과 창의성을 측정하는 것을 기본 방향으로 하여 지식, 개념의 창의적 문제해결력을 측정한다. 해당 학년의 교육과정 범위내에서 각 과목의 개념과 원리를 얼마나 잘 이해하고 있는지 측정하는 검사이다. 심화학습과 사고력 학습을 통해 생각의 깊이와 폭을 확장시키고, 생활 속에서 일어나는 일들을 학습한 개면과 연관시켜 생각해 보는 것이 중요하다. 꾸러미 시리즈는 교육과정 내용과 심화학습, 창의력 문제를 통해 창의성을 넓게 기를 수 있도록 도와주고 있다.

▶ 심층 면접

심층 면접을 통해 영재교육대상자를 최종선정한다. 심층 면접은 영재행동특성 검사, 포트폴리오 평가, 수행평가, 창의인성 검사 등에서 제공하지 못하는 학생들의 특성을 역동적으로 파악할 수 있는 방법이고, 기존에 수집된 정보로 확인된 학생의 특성을 재검증하고, 학생의 특성을 심층적으로 파악하는 과정이다. 이 단계에서 예술 분야는 실기를 실시할 수도 있으며, 수학이나 과학에 대한 실험을 평가하는 등 각 기관 및 시도교육청에 따라 형태가 달라질 수 있다. 면접에서는 평소 관심 있는 분야나 자기소개서, 창의적 문제해결력, 문제의 해결 과정에 대해 질문할 가능성이 높다. 따라서 평소 자신의 생각을 논리적으로 표현하는 연습이 필요하다. 단답형으로 짧게 대답하기보다는 자신의 주도성과 진정성이 드러나도록 자신 있게 이야기하는 것이 중요하다. 자신이 좋아하는 분야에 대한 관심과 열정이 드러나도록 이야기하고, 평소 육하원칙에 따라 말하는 연습을 해 두면 많은 도움이 된다.

Contents

차 례

꾸러미 모의고사

1회

- ▶ 총 문제수 : 8 문제
- ▶ 시험시간 : 70 분
- ▶ 총점 : 100 점
- ▶ 문항에 따라 배점이 다릅니다.
- ▶ 필기구외에 계산기등은 사용할 수 없습니다.

모의고사 점수	나의 점수	총 점수
		100점

01 꾸러미 48 제 모의고사

☑ 유창성
☑ 융통성
☐ 독창성
☐ 정교성

01 <보기> 안의 수의 공통점을 10 가지 찾아 쓰시오. [15 점]

문항분류
영재성검사
교과영역
수와 연산

<보기>

| 19 | 28 | 37 | 46 | 55 | 64 | 73 | 82 | 91 |

공통점 1	
공통점 2	
공통점 3	
공통점 4	
공통점 5	
공통점 6	
공통점 7	
공통점 8	
공통점 9	
공통점 10	

02

☑ 유창성
☐ 융통성
☐ 독창성
☐ 정교성

현준이네 반 학생 30명 중에서 임의로 10 명을 뽑아 몸무게를 재었더니 평균이 50kg 이었다. 현준이, 동선이, 정구는 이를 근거로 아래와 같이 생각하였지만 실제로 30 명의 몸무게를 측정한 결과 그 결과는 달랐다. 각각의 생각이 맞지 않은 이유를 예를 들어 설명해 보시오. [15 점]

문항분류
영재성검사
교과영역
자료와 가능성

> 현준이 : 10 명의 몸무게 평균은 50 kg 야. 따라서 우리 반의 몸무게 평균은 50 kg 라고 할 수 있어.
>
> 동선이 : 우리 반의 몸무게 평균이 50 kg 라면, 몸무게가 45 kg ~ 55 kg 인 사람이 65 kg ~ 75 kg 인 사람보다 많을 거야.
>
> 정구 : 우리 반의 몸무게 평균은 50 kg 이면 우리 반 학생은 30 명이니까 몸무게가 50 kg 이상인 사람은 적어도 15 명이 있을거야.

현준이의 생각이 틀린 이유	
동선이의 생각이 틀린 이유	
정구의 생각이 틀린 이유	

03

☑ 문제파악
☑ 문제해결
☑ 정확성

한 변의 길이가 40 cm 인 정사각형 모양의 두 소총 과녁 A, B 가 있다. 과녁 A 에는 반지름의 길이가 10 cm 인 반원과 높이와 밑변의 길이가 각각 10 cm, 20 cm 인 삼각형으로 이루어진 표적 a 가 있고, 과녁 B 에는 밑변의 길이와 높이가 각각 40 cm 인 삼각형 모양의 표적 b 가 있다. 과녁 A 와 B 를 완전히 포개어지게 겹쳐놓고 그 과녁에 소총을 쏘아 과녁을 맞혔을 때, 과녁의 두 표적 a, b 를 한꺼번에 모두 뚫고 통과할 수 있는 확률은 얼마인지 풀이과정과 함께 쓰시오. (단, 두 과녁 A, B를 겹쳐놓아도 총알은 두 과녁을 모두 뚫고 통과할 수 있으며, 원주율은 3.14 로 계산한다.) [10 점]

문항분류
창의적문제해결력
교과영역
자료와 가능성, 측정

〈보기〉

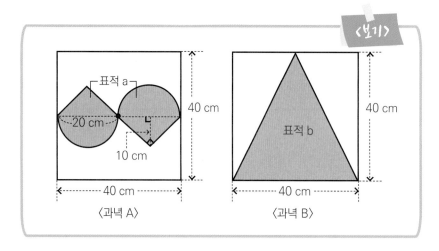

〈과녁 A〉　　　　〈과녁 B〉

풀이과정 :

답 :

04

☑ 문제파악
☑ 문제해결
☑ 정확성

<보기> 와 같이 검은색과 흰색 삼각형을 붙여나갈 때, <7 단계> 에서 검은색 삼각형의 개수를 풀이과정과 함께 쓰시오. [10점]

문항분류
창의적문제해결력
교과영역
규칙성

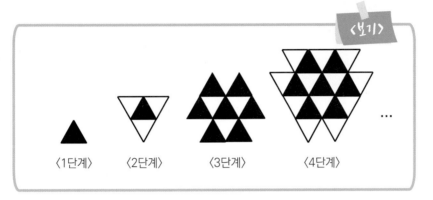

〈1단계〉 〈2단계〉 〈3단계〉 〈4단계〉 ...

풀이과정 :

답 :

05

☑ 문제파악
☑ 문제해결
☑ 정확성

주희와 수경이는 오전 8 시와 9 시 사이에 시침과 분침 일치할 때 만났다가 그다음에 바로 시침과 분침이 일치했을 때 헤어졌다. 주희와 수경이가 만난 시간을 풀이과정과 함께 구하시오. [10 점]

문항분류
창의적문제해결력
교과영역
수와 연산

풀이과정 :

답 :

06

☑ 문제파악
☑ 문제해결
☑ 정확성

큰 원 안에 반지름의 길이가 절반인 두 원을 이용하여 <보기> 의 <1 단계> 에서 <3 단계> 까지 태극무늬를 만들었다. <보기> 와 같은 규칙으로 아래의 정사각형을 <3 단계> 까지 색칠하고, <3 단계> 에서 검은색으로 색칠된 영역의 넓이를 풀이과정과 함께 구하시오. (단, 정사각형의 한 변의 길이는 10 cm 이다.) [10 점]

문항분류
창의적문제해결력
교과영역
규칙성, 측정

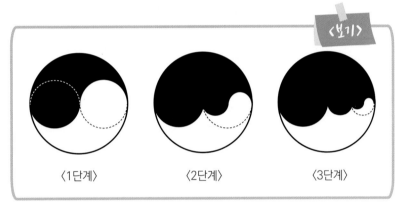

⟨보기⟩

⟨1단계⟩　　　⟨2단계⟩　　　⟨3단계⟩

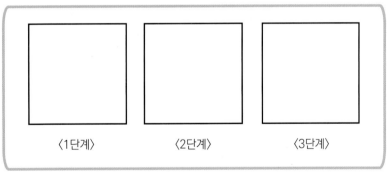

⟨1단계⟩　　　⟨2단계⟩　　　⟨3단계⟩

풀이과정 :

답 :

문제파악
문제해결
정확성

어떤 주머니에 구슬이 들어있다. 이 구슬을 두 사람에게 똑같이 나눠주면 한 개가 남고, 세 사람에게 똑같이 나눠주면 두 개가 남으며, 다섯 사람에게 똑같이 나눠주면 세 개가 남는다. 주머니에는 50 개 이상의 구슬을 담을 수 없다고 할 때, 아래의 물음에 답하시오. [10 점]

문항분류
창의적문제해결력

교과영역
수와 연산, 자료와 가능성

(1) 주머니 안의 구슬의 개수를 풀이과정과 함께 구해 보시오. [5 점]

풀이과정 :

답 :

(2) 주머니에서 구슬을 꺼내려고 한다. 구슬을 한 번에 꺼낼 때, 세 개나 다섯 개씩만 구슬을 꺼낼 수 있다. 주머니 안의 구슬을 모두 꺼내는 경우의 수를 풀이과정과 함께 구하시오. [5 점]

풀이과정 :

답 :

08 다음 자료를 읽고 물음에 답하시오. [20 점]

☑ 문제파악
☑ 문제해결
☑ 정확성

<자료 1>

타원은 두 정점으로부터 거리의 합이 일정한 점의 자취를 말한다. 예를 들어, 두 정점 F_1, F_2 에 각각 실의 양 끝을 고정하고 실에 연필을 걸어 끌어당기면서 이동시키면 연필에서 F_1 과 F_2 와의 거리의 합이 실의 길이로 항상 일정한 타원이 그려지고 이때, F_1, F_2 를 그 타원의 초점이라고 한다.

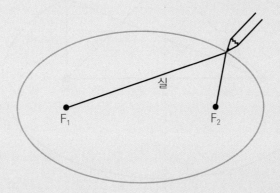

<자료 2>

케플러는 독일의 저명한 천문학자이다. 케플러는 여러 관측 결과를 정리하여 지구가 태양을 하나의 초점으로 하는 타원궤도를 그리며 공전함을 밝혀냈다. (F_1, F_2 는 타원의 초점이다.)

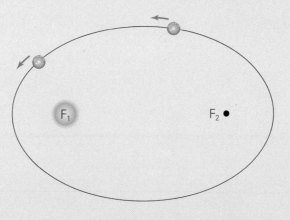

▲ 타원궤도를 따르는 지구의 공전궤도

(1) 다음과 같이 F_1 과 F_2 가 초점인 타원이 있다. 타원 위의 두 점 P 와 Q 과 초점을 연결하여 삼각형을 만들었다. 초점과 초점 사이의 길이가 8 cm 이고, 점 P 와 F_2 간의 거리가 5 cm 이다. 점 F_1 과 Q 사이의 거리가 8.25 cm 일 때, 점 F_2 와 Q 사이의 길이를 풀이과정과 함께 구해 보시오. (단, P 는 F_1 과 F_2 의 중선 위의 점이다.) [10 점]

문항분류
수학 STEAM
교과영역
수와 연산, 측정

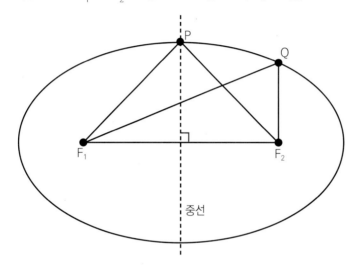

중선

풀이과정 :

답 :

(2) 행성을 돌고 있는 위성이나 인공위성의 궤도 중에서 행성에 가장 가까운 점을 근일점, 행성에 가장 먼 점을 원일점이라고 한다. 지구가 태양 주위를 공전할 때, 지구는 타원궤도를 따라 움직인다. 아래의 그림은 지구가 태양을 도는 타원궤도를 나타낸 것이며, F_1, F_2 는 이 타원의 초점이다. F_1, F_2 와 거리가 같은 지구의 위치를 P 점이라고 할 때, P 에서 F_1 과의 거리를 A 라고 하고, F_1 과 F_2 의 거리를 B 라고 하자. 지구가 근일점, 원일점에 있을 때, 태양과의 거리를 각각 A 와 B 로 나타내되 풀이과정도 함께 쓰시오. (단, 태양은 타원궤도의 한 초점이고, 태양과 지구의 반지름의 길이는 무시한다.) [10 점]

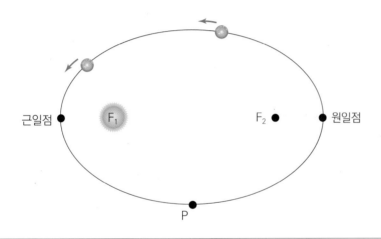

풀이과정 :

답 :

꾸러미 모의고사

2회

- ▶ 총 문제수 : 8 문제
- ▶ 시험시간 : 70 분
- ▶ 총점 : 100 점
- ▶ 문항에 따라 배점이 다릅니다.
- ▶ 필기구외에 계산기등은 사용할 수 없습니다.

모의고사 점수	나의 점수	총 점수
		100점

01

☑ 유창성
□ 융통성
□ 독창성
□ 정교성

<보기> 에는 칠교놀이 조각이 있다. 칠교놀이의 7 조각 중에서 도형 ⓐ, ⓑ, ⓒ, ⓓ 의 4 조각만을 이용하여 변이 6 개인 모양을 5 가지 만들어 그려 보시오. (단, ⓐ, ⓑ, ⓒ, ⓓ 를 돌려 붙일 수 있으며, 돌리거나 뒤집었을 때 서로 포개어지는 도형은 하나의 도형으로 본다.) [15 점]

문항분류
영재성검사
교과영역
도형

<보기>

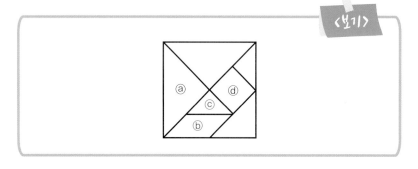

방법 1	
방법 2	
방법 3	
방법 4	
방법 5	

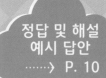

02

☑ 유창성
☐ 융통성
☐ 독창성
☐ 정교성

대상에서 찾을 수 있는 수학적 특성이란 대상의 모양, 특성 등에서 찾을 수 있는 도형, 수학적 요소, 반영된 수학적 원리 등을 말한다. 다음은 유미네 아파트의 놀이터 시설이다. 사진을 보고 시설물에서 찾을 수 있는 수학적 특성을 5 가지 서술하시오. [15 점]

문항분류
영재성검사
교과영역
도형

1	
2	
3	
4	
5	

03

☑ 문제파악
☑ 문제해결
☑ 정확성

아래의 빈칸에 1 부터 9 까지의 숫자를 한 번씩 사용하여 나열하려고 한다. 아래의 <조건> 을 모두 만족하도록 빈칸을 채워 보시오. [10 점]

문항분류
창의적문제해결력
교과영역
수와 연산

〈조건〉

㉠ : 1 부터 9 까지의 합은 18 이다.

㉡ : 1 부터 4 까지의 합은 27 이다.

㉢ : 6 부터 4 까지의 합은 36 이다.

㉣ : 6 부터 2 까지의 합은 45 이다.

풀이과정 :

답 : ☐☐☐☐☐☐☐☐☐

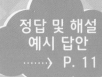

04

<보기> 의 도형 A, B 를 화살표 방향으로 이동시키면서 겹쳐지는 부분을 관찰하였다. 겹쳐지는 부분의 넓이가 가장 클 때, 겹쳐지는 부분의 넓이를 풀이과정과 함께 쓰시오. [10 점]

문항분류
창의적문제해결력
교과영역
측정

✔ 문제파악
✔ 문제해결
✔ 정확성

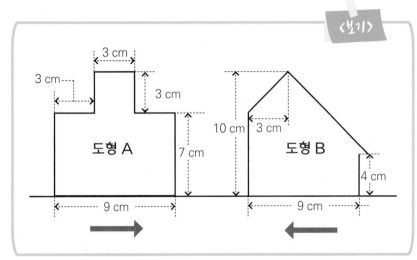

풀이과정 :

답 :

05 <보기> 와 같은 두 수의 곱셈 계산식에서 A, B, C, D, E, F 에 알맞은 숫자를 풀이과정과 함께 구하시오. [10 점]

☑ 문제파악
☑ 문제해결
☑ 정확성

문항분류
창의적문제해결력
교과영역
수와 연산

<보기>

```
      2 A 1
  ×     1 B
  ─────────
    1 8 2 C
    2 D 1
  ─────────
    4 E 3 F
```

풀이과정 :

답 :

☑ 문제파악
☑ 문제해결
☑ 정확성

<보기> 의 그림과 같이 가로의 길이가 48 m, 세로의 길이가 72 m 인 직사각형 모양 3 개로 만들어진 공원이 있다. 직사각형의 모든 변에 같은 간격으로 나무를 심되, 꼭짓점에는 반드시 나무를 심는다. 공원 전체에 심은 나무가 94 그루일 때, 나무들 사이의 간격을 풀이과정과 함께 구하시오. [10 점]

문항분류
창의적문제해결력
교과영역
수와 연산

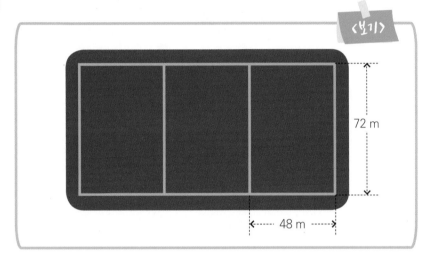

〈보기〉

72 m

48 m

풀이과정 :

답 :

07

☑ 문제파악
☑ 문제해결
☑ 정확성

<보기> 와 같이 오각형의 모서리를 따라 점을 찍을 때, <197 단계> 에서 모서리에 찍혀있는 전체 점의 개수를 풀이과정과 함께 구해 보시오. [10 점]

문항분류

창의적문제해결력

교과영역

규칙성

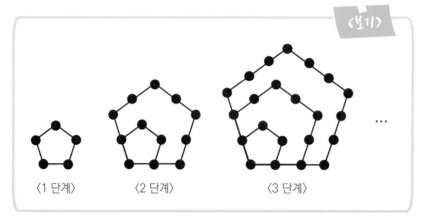

〈보기〉

〈1 단계〉   〈2 단계〉   〈3 단계〉   ...

풀이과정 :

답 :

08 다음 자료를 읽고 물음에 답하시오. [20 점]

□ 문제파악
☑ 문제해결
□ 정확성

〈자료 1〉

양팔 저울은 팔 모양의 긴 막대 끝에 접시가 아래로 매달려 있고 막대의 가운데에 받침대가 붙어 있는 저울을 말한다. 두 물체의 무게를 단순히 비교할 때에는 양팔 저울의 양쪽 접시를 중심으로 부터 같은 거리에 두고 비교하고자 하는 물체를 각각 올려놓는다. 이때 기울어진 쪽의 물체가 더 무거운 것이다. 또 무게나 질량을 정확히 알기 위해서는 왼쪽 접시에 재고 싶은 물체를 올려 놓고, 오른쪽 접시에 분동을 올려 놓아 수평을 이루게 하면 된다. 분동을 사용하면, 높은 산 위나 달에 가는 등 장소가 바뀌어도 변하지 않는 물체 고유의 양인 질량을 잴 수 있다.

▲ 양팔저울의 사진

〈자료 2〉

우리 주변의 모든 물질은 상태와 관계없이 일정한 공간을 차지한다. 이처럼 물질이 차지하는 공간의 크기를 부피라고 한다. 부피는 보통 cm^3, m^3, mL, L 등을 사용하여 나타낸다.

질량은 물질이 가지는 고유한 양으로, 측정 장소에 따라 변하지 않는다. 고기나 과일 등과 같은 식품, 그리고 귀금속은 저울로 그 양을 측정한다. 이것은 이러한 물질들의 경우 부피보다 질량으로 양을 나타내는 것이 더 편리하기 때문이다.

어떤 물질의 단위 부피에 대한 질량을 밀도라고 하며, 물질의 질량을 부피로 나누어서 구한다. 단위로는 g/mL, g/cm^3, kg/m^3 등을 사용한다. (밀도 $= \frac{질량}{부피}$)

따라서 부피가 일정할 때 질량이 클록 밀도가 크고, 질량이 일정할 때 부피가 클수록 밀도가 작으며, 밀도가 일정할 때 부피가 클수록 질량이 크다. 이를 그래프로 나타내면 아래와 같다.

(1) 어느 공장에서 핸드폰을 9 개 만들었다. 이 중 2 개의 핸드폰이 불량품이며, 불량품은 육안으로는 구분할 수 없지만 정상제품보다 무게가 1 g 적다. 양팔 저울을 4 번만 이용하여 불량품을 알아내는 방법을 설명해 보시오. (단, 양팔 저울의 한 들이에는 9 개의 핸드폰을 모두 담을 수 있다.) [10 점]

문항분류
수학 STEAM
교과영역
자료와 가능성

해결 방법 :

(2) 금으로 만든 왕관과 금과 은을 섞어서 만든 왕관이 있다. 두 왕관의 질량은 같으며, 눈으로 보아서는 구별할 수 없다. 물과 눈금실린더를 이용하여 두 왕관을 구별할 수 있는 방법을 설명해 보시오. (단, 금과 은의 밀도는 각각 19.3 g/ cm³ 와 10.5 g/ cm³ 이다.) [10 점]

해결 방법 :

꾸러미 모의고사

3회

- ▶ 총 문제수 : 8 문제
- ▶ 시험시간 : 70 분
- ▶ 총점 : 100 점
- ▶ 문항에 따라 배점이 다릅니다.
- ▶ 필기구외에 계산기등은 사용할 수 없습니다.

모의고사 점수	나의 점수	총 점수
		100점

☑ 유창성
☑ 융통성
☐ 독창성
☐ 정교성

01 <보기> 의 도형을 분류하는 기준을 5 가지 제시하시오. (예를 들어, 각 면이 모두 같은 모양인지 아닌지로 분류하면 ①, ②, ③, ④, ⑤, ⑥ / ⑦, ⑧ 으로 분류할 수 있다. 이 예는 답안에서 제외한다.) [15 점]

문항분류
영재성검사
교과영역
도형

<보기>

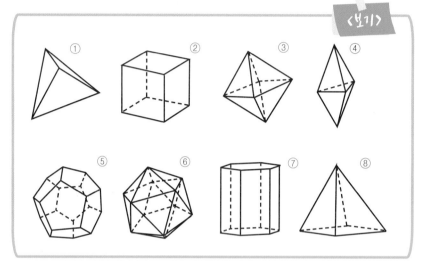

기준 1	
기준 2	
기준 3	
기준 4	
기준 5	

02

☑ 유창성
☐ 융통성
☐ 독창성
☐ 정교성

사격장에서 실제 사격 전에 연습 사격을 먼저 한다. 그 이유는 올바른 조준을 하여도 총에 따라 총알이 한쪽으로 치우칠 수 있기 때문이다. 표적지에 나타난 탄흔(총알 자국)을 탄착군이라고 하는데, 실제 사격 전에는 연습 표적지에 나타난 탄착군을 기준으로 조준점의 위치를 수정한다. 따라서 연습 사격에서는 표적에 맞힌 총알의 개수보다 탄흔이 모여있는 것이 더 중요하다. 아래의 그림은 복동이, 영준이, 종남이가 사격장에서 연습 표적지에 총을 쏘고 난 결과이다. 사격장의 코치 선생님은 수학적 방법을 통해 총을 잘 쏜 순위를 아래와 같이 매겼다. 코치 선생님이 순위를 정한 수학적 방법을 다섯 가지 말해 보시오. [15 점]

문항분류
영재성검사

교과영역
자료와 가능성

〈영준〉

〈복동〉

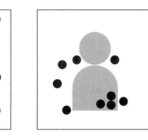

〈종남〉

코치 선생님이 매긴 순위 : 1 등 – 영준, 2 등 – 종남, 3 등 – 복동

1	
2	
3	
4	
5	

03

☑ 문제파악
☑ 문제해결
☑ 정확성

물고기 다섯 마리 A, B, C, D, E 가 있다. <보기> 에는 물고기들의 관계가 나타나 있다. 잡아먹히는 물고기가 없도록 서로 다른 어항 4 개에 물고기를 넣는 방법의 수를 풀이과정과 함께 구해 보시오. (단, 빈 어항이 있을 수 있다.) [10 점]

문항분류
창의적문제해결력
교과영역
자료와 가능성

<보기>

· A 는 B 만 잡아 먹는다.
· B 는 C 만 잡아 먹는다.
· C 는 D 만 잡아 먹는다.
· D 는 A 와 E 만 잡아 먹는다.
· E 가 잡아먹을 수 있는 물고기는 없다.

풀이과정 :

답 :

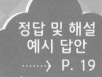

04 <보기>의 그림에서 색칠한 부분의 넓이를 풀이과정과 함께 구해 보시오. [10 점]

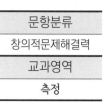

✓ 문제파악
✓ 문제해결
✓ 정확성

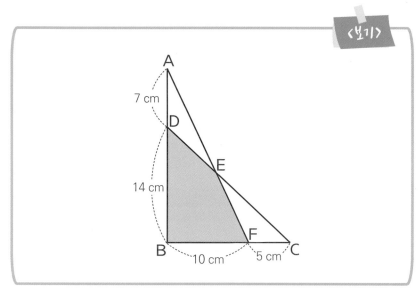

풀이과정 :

답 :

05

☑ 문제파악
☑ 문제해결
☑ 정확성

<보기>의 조건을 모두 만족하는 수 중에서 가장 큰 수를 A, 가장 작은 수를 B 라고 하자. A – B 의 각 자리 숫자의 합을 풀이과정과 함께 쓰시오. [10 점]

문항분류
창의적문제해결력
교과영역
수와 연산

〈보기〉

· 각 자리 숫자의 합이 21 인 12 자리 수이다.
· 각 자리 숫자에는 0, 1, 3, 5 숫자가 모두 있고, 다른 숫자는 없다.

풀이과정 :

답 :

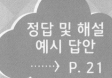

06

- ☑ 문제파악
- ☑ 문제해결
- ☑ 정확성

<보기> 와 같이 정사각형 종이 3 장을 겹쳐놓았다. A 의 값을 풀이과정과 함께 구하시오. [10 점]

문항분류
창의적문제해결력
교과영역
측정

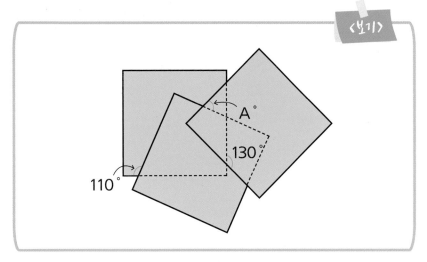

풀이과정 :

답 :

문제파악
문제해결
정확성

<보기> 는 사각형, 오각형에서 그을 수 있는 대각선의 개수이다.

문항분류
창의적문제해결력
교과영역
자료와 가능성, 도형

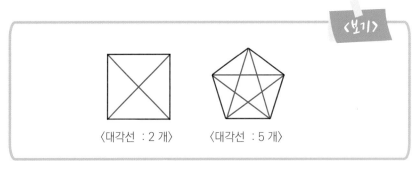

〈보기〉

〈대각선 : 2 개〉　　〈대각선 : 5 개〉

(1) 정 17 각형에서 그을 수 있는 대각선의 개수를 구하되 풀이과정도 쓰시오. [5 점]

풀이과정 :

답 :

(2) 정 17 각기둥에서 그을 수 있는 대각선의 개수를 풀이과정과 함께 구하시오. (대각선은 각 꼭짓점을 이은 선 중 모서리를 제외한 것이다.) [5 점]

풀이과정 :

답 :

08 다음 자료를 읽고 물음에 답하시오. [20 점]

☑ 유창성
☐ 융통성
☐ 독창성
☑ 정교성

〈자료 1〉

물질의 상태는 온도와 압력에 의하여 달라진다. 이때 고체, 액체, 기체 3 가지 상태가 공존하는 온도와 압력 조건을 삼중점이라고 한다. 아울러 상평형이 이루어지는 경계를 곡선으로 나타낸 것을 상평형 그림이라고 한다. 삼중점 이하의 압력에서는 기체의 온도를 낮추어도 액화되지 않으며 곧바로 고체로 승화한다. 물은 삼중점에서의 압력이 0.006 기압이기 때문에 대기압 (1 기압) 보다 아래의 기압에서 수증기의 온도를 낮추면 기체에서 액체(㉠), 액체에서 고체(㉡) 으로 상태변화 하지만, 이산화탄소는 삼중점에서의 압력이 5.1 기압이기 때문에 대기압 조건(1 기압)에서 냉각시키면 액체 상태를 거치지 않고 곧바로 고체로 승화(㉢)한다.

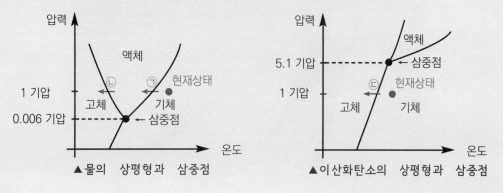

▲ 물의 상평형과 삼중점   ▲ 이산화탄소의 상평형과 삼중점

〈자료 2〉

한겨울에 꽁꽁 언 강물은 흔히 볼 수 있지만 꽁꽁 언 바닷물은 보기 어렵다. 이는 어는점 내림의 한 예이다. 소금물의 어는점은 순수한 물의 어는점보다 낮다. 즉, 소금물은 0 ℃ 보다 낮은 점에서 언다. 소금물이 순수한 물보다 낮은 점에서 어는 이유는 물에 소금을 넣으면 상평형그림이 아래의 그림과 같이 변화하기 때문이다. 고체와 액체가 공존하는 선의 온도를 어는점이라고 하는데 아래의 그래프와 같이 소금물인 경우 1 기압에서 액체와 고체가 공존하는 점이 순수한 물 보다 더 내려가게 된다.

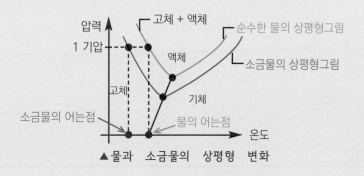

▲ 물과 소금물의 상평형 변화

(1) 수막 효과(hydroplaning) 란 물 표면에서 바퀴 등이 주행할 때 물로 인해 마찰력이 감소하는 현상을 말한다. 아이스링크장에서 스케이트를 빠르게 탈 수 있는 것도 수막 효과의 한 예이다. 스케이트 날과 이이스링크 사이의 얼음이 녹으면서 수막현상이 일어나 스케이트를 빠르게 탈 수 있는 것이다. 그렇다면 스케이트 날과 아이스링크 사이의 얼음이 녹는 이유를 주어진 자료를 참고하여, 아래의 빈칸에 서술해 보시오. [10점]

문항분류
수학 STEAM
교과영역
자료와 가능성

〈스케이트를 타고 있는 이승훈 선수〉

이유	

(2) 특정한 압력에서 액체와 기체가 공존하는 점의 온도를 끓는점이라고 한다. 끓는 소금물과 끓는 물 중 어떤 것이 얼음을 더 잘 녹이는지 확인하기 위한 실험을 하였다. 500 mL 비커 A, B 에 농도가 20 % 인 소금물과 물을 각각 300 mL 씩 넣은 뒤 두 액체를 끓였다. 그 후 끓고 있는 상태를 유지하면서 재빨리 얼음판으로 두 비커를 가지고 나와 같은 높이에서 서로 다른 위치의 얼음판에 같은 양만큼 동시에 부었다. 그 후 5 분 동안 얼음을 관찰하였다. 얼음판을 더 많이 녹인 것은 A 와 B 의 액체 중 어느 것인지 쓰고 그 이유를 두 가지 들어 설명해 보시오. [10 점]

비커 A : 끓는 소금물 300 ml   비커 B : 끓는 물 300 ml

	얼음이 더 많이 녹은 판 :
①	
②	

꾸러미 모의고사

4회

- ▶ 총 문제수 : 8 문제
- ▶ 시험시간 : 70 분
- ▶ 총점 : 100 점
- ▶ 문항에 따라 배점이 다릅니다.
- ▶ 필기구외에 계산기등은 사용할 수 없습니다.

모의고사 점수	나의 점수	총 점수
		100점

01

- ☑ 유창성
- ☐ 융통성
- ☐ 독창성
- ☐ 정교성

아래와 같이 정육면체의 꼭짓점과 변의 중점에 점을 각각 찍었다. 이 점들을 이어 만들 수 있는 이등변삼각형을 6 개 그려 보시오. (단, 회전시키거나 이동시켜서 모양이 같은 것은 하나로 생각한다.) [15 점]

문항분류
영재성검사
교과영역
도형

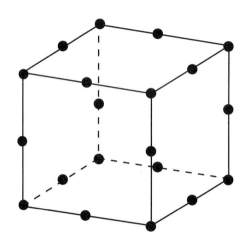

만들 수 있는 이등변 삼각형

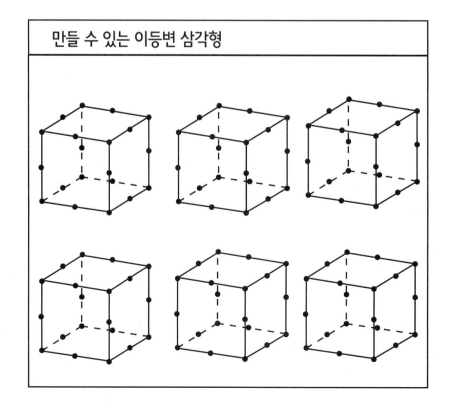

02

☑ 유창성
☐ 융통성
☐ 독창성
☐ 정교성

다음 입체도형을 한 평면으로 잘랐을 대, 평면과 도형에 공통부분으로 나타날 수 있는 모양을 전부 그려 보시오. (단, 입체도형의 윗면과 밑면은 뚫려있으며, 입체도형의 내부는 비어있다.) [15 점]

문항분류
영재성검사
교과영역
도형

나타날 수 있는 모양		

03

☑ 문제파악
☑ 문제해결
☑ 정확성

다음 <보기> 는 ●, ◈, ▶,☆ 가 각각 다른 숫자를 나타냈을 때 성립하는 연산이다. ●, ◈, ▶,☆ 에 들어갈 수 있는 숫자를 구하되 풀이과정을 쓰시오. [10 점]

<보기>

$$● ◈ × ● ◈ ◈ = ☆ ◈ ▶ ◈$$

풀이과정 :

답 : ◈ =　　　　● =　　　▶ =　　　☆ =

04

☑ 문제파악
☑ 문제해결
☑ 정확성

아래와 같이 눈금이 없는 200 mL 들이 비커 A, B 에 농도가 4 % 인 소금물 35 g 와 농도가 20 % 인 소금물 42 g 을 각각 부었다. 두 비커에서 같은 질량의 소금물을 꺼내 비커 A 에서 꺼낸 소금물을 비커 B 에, 비커 B 에서 꺼낸 소금물을 비커 A 에 각각 넣었더니 비커 B 의 농도가 12 % 였다. 비커 A 의 농도를 구하되 풀이과정도 함께 쓰시오. (단, (소금물의 농도) = $\frac{(소금의 \ 질량)}{(소금물의 \ 질량)} \times 100$ 이다.) [10 점]

문항분류
창의적문제해결력
교과영역
수와 연산

A : 4 % 의 소금물 35 g   B : 20 % 의 소금물 42 g

풀이과정 :

답 :

05

☑ 문제파악
☑ 문제해결
☑ 정확성

다음은 직사각형 6 개를 이어붙여 만든 사각형이다. 일정한 규칙에 따라 각 직사각형 안에 숫자를 적었을 때, A 의 값을 풀이과정과 함께 구해 보시오. [10 점]

문항분류
창의적문제해결력
교과영역
규칙성

```
┌──────────┬──────────┐
│          │          │
│    32    │    41    │
│          │          │
├──────┬───┤  2 cm    │
│      │   │          │
│  25  │ 13│          │
│3cm   │   ├──────────┤
│      │   │          │
├──────┴───┤    34    │
│    A     │          │
└──────────┴──────────┘
```

풀이과정 :

답 :

06

☑ 문제파악
☑ 문제해결
☑ 정확성

모눈칸에 다음과 같은 <규칙> 으로 1 부터 100 까지의 수를 채워 넣으려고 한다. 100 까지의 숫자를 채웠을 때, 100 이 포함된 세로줄에 놓인 수의 합을 풀이과정과 함께 구해 보시오 [10 점]

문항분류
창의적문제해결력
교과영역
규칙성

<규칙>
① 아래의 <1 단계> 처럼 정사각형 모양의 네 칸에 시계 방으로 1 부터 4 까지의 숫자를 채워 넣는다.
② 아래의 <2 단계> 처럼 1 의 왼쪽 칸부터 시작하여 시계 방향으로 5 부터 16 까지의 숫자를 채워 넣는다.
③ 아래의 <3 단계> 처럼 5 의 왼쪽 칸부터 시작하여 시계 방향으로 17 부터 16 까지의 수를 채워 넣는다.
④ 같은 방법으로 100 까지의 수를 정사각형에 채워넣는다.

19	20	21	22	23	24
18	6	7	8	9	25
17	5	1	2	10	26
36	16	4	3	11	27
35	15	14	13	12	28
34	33	32	31	30	29

6	7	8	9
5	1	2	10
16	4	3	11
15	14	13	12

1	2
4	3

〈1 단계〉　〈2 단계〉　〈3 단계〉

풀이과정 :

답 :

07
- ☑ 문제파악
- ☑ 문제해결
- ☑ 정확성

어느 대학은 여름 계절학기에 A, B, C, D, E, F, G, H 의8 과목을 개설하고 있다. 다음 표는 두 개의 과목을 모두 수강한 학생이 있는 경우 두 과목이 만나는 칸에 ○ 표로 표시한 것이다.

문항분류

창의적문제해결력

교과영역

자료와 가능성

	A	B	C	D	E	F	G	H
A		○		○	○	○		○
B	○				○	○		
C						○	○	
D	○							○
E	○	○				○		
F	○	○	○		○		○	
G			○			○		
H	○			○				

계절학기를 수강하는 모든 학생이 중복되지 않게 과목마다 한 시간 동안 시험을 보게 하려면 최소 몇 시간이 필요한지 풀이과정과 함께 쓰시오. [10 점]

풀이과정 :

답 :

08

다음 자료를 읽고 물음에 답하시오. [20 점]

☑ 유창성
☐ 융통성
☐ 독창성
☐ 정교성

☑ 문제파악
☑ 문제해결
☑ 정확성

문항분류
수학
STEAM

교과영역
자료와
가능성

〈자료 1〉

알고리즘이란 유한한 단계를 통해 문제를 해결하기 위한 절차나 방법을 의미하며, 아랍의 수학자인 알 콰리즈미의 이름에서 유래한다. 수학용어로서의 알고리즘은 잘 정의되고 명백한 규칙들의 집합 또는 유한의 단계 내에서 문제를 풀기 위한 과정을 말하고, 컴퓨터 용어로서의 알고리즘은 어떤 특정 문제의 해결을 위해 컴퓨터에 사용 가능한 정확한 방법을 말한다. 알고리즘은 여러 단계의 유한한 집합으로 구성되는데, 여기서 각 단계는 하나 또는 그 이상의 연산을 필요로 한다. 예를들어, $\square \times \square - \square \times 6 + 9 = 0$ 을 만족하는 자연수 $\square$ 의 값이 3 임을 찾는 알고리즘을 아래와 같이 설정할 수 있다.

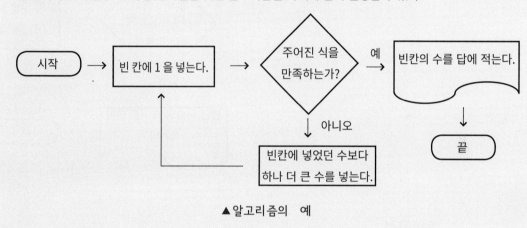

▲ 알고리즘의 예

〈자료 2〉

퍼지(fuzzy) 이론은 1965 년 버클리 대학의 제대(Zadeh) 교수에 의해 처음 제안되었다. 제데 교수는 자기 부인의 외모를 정확한 수치로 환산해서 '미의 절대 평가 기준' 을 만들기 위해 퍼지 이론을 도입하였다. 퍼지는 '애매하다', '모호하다' 라는 뜻으로, 퍼지 이론은 애매하고 불분명한 상황에서 여러 문제를 판단, 결정하는 과정에 대하여 수학적으로 접근하려는 이론이다. 퍼지 이론이 나오기 전까지 컴퓨터는 '크다' 또는 '작다' 만 구별할 수 있었지만 퍼지 이론이 적용된 후에는 '크다', '작다', '조금 크다', '조금 작다' 를 알 수 있게 되었다. 즉, '예' 또는 '아니오' 등의 두 가지 방법밖에 처리할 수 없었던 컴퓨터 시스템을 인간이 생각하는 것처럼 다양한 결정을 할 수 있게 만든 이론이다. 퍼지이론은 기존의 0 과 1 의 사고 방식에서 벗어나 구간에 따라 명령을 내림으로서 전통적 방식으로 수행하기 위해서 필요한 수백 개의 코드를 간결한 코드로 대체했다. 퍼지 이론은 기존의 논리 시스템보다 인간의 의사결정능력을 효과적으로 모사할 수 있어 공학, 사회과학, 의학, 인공지능시스템 구현 등에 널리 이용될 수 있다. 구체적으로 퍼지 이론은 밥솥, 지하철, 가로등 등에서 사용되고 있다.

(1) 아래의 알고리즘을 따라 빨간 구슬과 파란 구슬을 주머니에 넣을 때, 알고리즘의 결과로 나타나는 개수를 구하되 풀이과정도 나타내시오. [8 점]

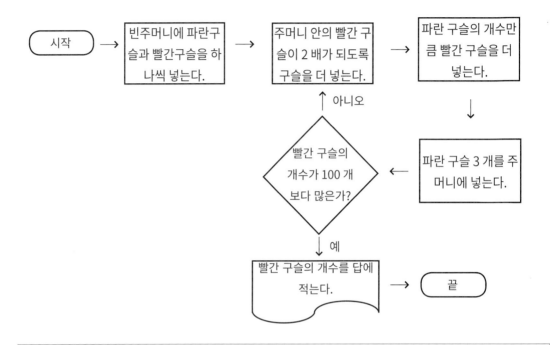

시작 → 빈주머니에 파란구슬과 빨간구슬을 하나씩 넣는다. → 주머니 안의 빨간 구슬이 2 배가 되도록 구슬을 더 넣는다. → 파란 구슬의 개수만큼 빨간 구슬을 더 넣는다.

↓

파란 구슬 3 개를 주머니에 넣는다.

←

빨간 구슬의 개수가 100 개보다 많은가? — 아니오 → (주머니 안의 빨간 구슬이 2 배가 되도록 구슬을 더 넣는다.)

↓ 예

빨간 구슬의 개수를 답에 적는다. → 끝

풀이과정 :

답 :

(2) 아래에는 퍼지이론에 의해 변화된 알고리즘 기준의 변화와 퍼지 이론을 적용한 전기밥솥이 밥을
    데우는 알고리즘이 나타나 있다. 퍼지 이론을 각각 밥솥, 지하철, 가로등에 적용했을 때 나타나는
    장점이 무엇일지 아래의 칸에 한 가지씩 이유와 함께 써 보시오. [12 점]

〈퍼지 이론에 의해 알고리즘 기준의 변화〉

	기존 알고리즘의 기준	퍼지 이론이 적용된 알고리즘의 기준
밥솥	전기밥솥이 100℃ 보다 뜨거운가?	쌀에 물기가 어느 정도인가?
지하철	지하철이 출발하였는가 ?	지하철의 속도가 어느정도인가?
가로등	저녁 7 시 인가?	얼마나 어두운가?

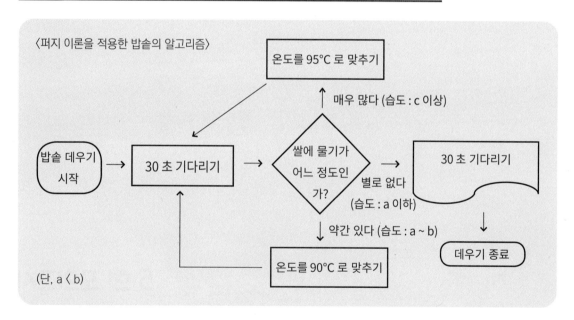

퍼지이론을 밥솥에 적용했을 때의 장점	
퍼지이론을 지하철에 적용했을 때의 장점	
퍼지이론을 가로등에 적용했을 때의 장점	

5 회 모의고사 시작

꾸러미 모의고사

5회

- ▶ 총 문제수 : 8 문제
- ▶ 시험시간 : 70 분
- ▶ 총점 : 100 점
- ▶ 문항에 따라 배점이 다릅니다.
- ▶ 필기구외에 계산기등은 사용할 수 없습니다.

모의고사 점수	나의 점수	총 점수
		100점

01

한 변의 길이가 1 cm 인 쌓기나무 블록을 이어붙여 높이가 1 cm 인 입체도형을 만드려고 한다. 입체도형의 겉넓이가 22 cm² 가 되도록 블록을 이어붙일 때, 만들 수 있는 도형을 10 가지 찾고, 그 도형들을 위에서 본 모양을 아래의 빈칸에 그려 보시오. (단, 회전시키거나 뒤집거나 이동시켜서 모양이 같은 것은 하나로 본다.) [15 점]

☑ 유창성
☐ 융통성
☐ 독창성
☐ 정교성

문항분류
영재성검사
교과영역
도형

도형을 위에서 본 모양

02

☑ 유창성
☐ 융통성
☐ 독창성
☐ 정교성

<보기> 에는 성냥개비를 이용해 만든 숫자가 나열되어 있다. 일정한 규칙에 따라 성냥개비로 숫자를 만들 때, 성냥개비들을 나열하는 서로 다른 규칙을 만들어보고, 이 규칙에 따라서 성냥개비를 나열할 때 빈칸에 들어갈 성냥개비 숫자를 5 가지 구해보시오. (단, 규칙이 다르면 수가 같아도 정답으로 인정하며, 빈칸의 숫자는 한 자리 또는 두 자리인 하나의 숫자이다.) [15 점]

문항분류
영재성검사
교과영역
규칙성

<보기>

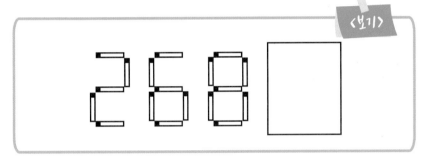

규칙 1	규칙 : 수 :
규칙 2	규칙 : 수 :
규칙 3	규칙 : 수 :
규칙 4	규칙 : 수 :
규칙 5	규칙 : 수 :

03

<보기> 에는 어떤 세 자릿수 ⓐⓑⓒ 에 4 를 곱해서 나온 세 자릿수 ㉠㉡㉢ 가 있다. <보기> 의 곱셈식에 사용된 숫자 ⓐ, ⓑ, ⓒ, 4, ㉠, ㉡, ㉢ 7 개가 모두 다른 숫자일 때, <보기> 의 곱셈식에서 나타날 수 있는 세 자릿수 ㉠㉡㉢ 중 가장 큰 수를 구하되 풀이과정을 함께 쓰시오. [10 점]

☑ 문제파악
☑ 문제해결
☑ 정확성

문항분류
창의적문제해결력
교과영역
수와 연산

<보기>

$$\begin{array}{r} ⓐ\ ⓑ\ ⓒ \\ \times \qquad 4 \\ \hline ㉠\ ㉡\ ㉢ \end{array}$$

풀이과정 :

답 :

04

☑ 문제파악
☑ 문제해결
☑ 정확성

<보기> 의 그림은 한 변이 24 cm 인 정사각형 3 개를 겹쳐 놓은 것이다. 정사각형 3 개가 모두 겹쳐진 부분은 가로가 4 cm 이고 세로가 12 cm 일 때, <보기> 의 그림의 둘레를 구하되 풀이과정도 함께 쓰시오.   [10 점]

문항분류
창의적문제해결력
교과영역
도형

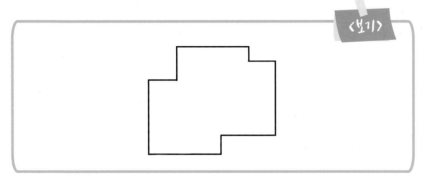

<보기>

풀이과정 :

답 :

<보기> 에는 6 개의 의자에 앉은 학생 A, B, C, D, E, F 가 자기 자리의 좌, 우, 앞, 뒤의 이웃한 자리 중 하나로 한 칸 옮겨 자리를 다시 배치한 전, 후의 과정이 나타나 있다. 강당에 49 명의 학생이 7 명씩 7 줄로 의자에 앉아 있을 때, 모든 학생이 <보기> 와 같은 방법으로 이웃한 자리로 자리를 옮기려고 한다. 49 명 모두 이웃한 다른 자리로 옮겨 앉을 수 있는지 판단하고, 그러한 이유를 설명해 보시오. [10 점]

문항분류
창의적문제해결력
교과영역
자료와 가능성

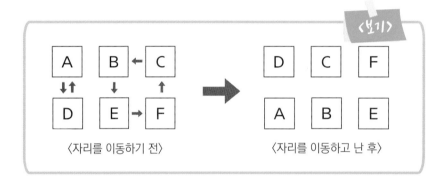

〈자리를 이동하기 전〉 　　　　〈자리를 이동하고 난 후〉

답 :

이유 :

06

☑ 문제파악
☑ 문제해결
☑ 정확성

태연이가 4 걸음 걸을 때 용훈이는 3 걸음을 걷고, 태연이가 6 걸음에 갈 수 있는 거리를 용훈이는 7 걸음에 간다. 용훈이가 태연이보다 태연이의 걸음으로 30 걸음 앞에 있는 상태에서 두 사람이 동시에 같은 방향으로 걷기 시작할 때 태연이는 몇 걸음을 더가야 용훈이를 만날 수 있는지 구하되 풀이과정을 함께 제시하시오. [10 점]

문항분류
창의적문제해결력
교과영역
수와 연산

풀이과정 :

답 :

07
☑ 문제파악
☑ 문제해결
☑ 정확성

크기가 같은 10 가지 색깔의 장갑이 각각 12 켤레씩 서랍 속에 들어 있다. 이 장갑들은 마구 뒤섞여있고 어두워서 색을 알아볼 수 없다고 할 때 다음 물음에 답하시오. [10 점]

문항분류
창의적문제해결력
교과영역
자료와 가능성

(1) 좌우 구별이 없는 장갑일 경우 반드시 두 켤레의 짝을 맞추기 위해서는 최소한 몇 개의 장갑을 꺼내야 하는지 구하되 풀이과정도 함께 쓰시오. [5 점]

풀이과정 :

답 :

(2) 좌우 구별이 있는 장갑일 경우 반드시 두 켤레의 짝을 맞추기 위해서는 최소한 몇 개의 장갑을 꺼내야 하는지 구하되 풀이과정도 함께 쓰시오. [5 점]

풀이과정 :

답 :

08

- ☑ 유창성
- ☐ 융통성
- ☐ 독창성
- ☐ 정교성

- ☑ 문제파악
- ☑ 문제해결
- ☑ 정확성

다음 자료를 읽고 물음에 답하시오. [20 점]

〈자료 1〉

오른쪽 그림과 같이 1 부터 차례로 숫자를 적되, 숫자를 중복하거나 빠뜨리지 않고, 가로, 세로, 대각선에 있는 수들의 합이 모두 같도록 만든 숫자의 배열을 마방진이라 한다. 중국에서는 마방진에 대해 내려오는 이야기가 있다. 중국 하나라의 우왕 시대에 매년 황하가 범람하여 물이 흐르는 길을 고치는 공사를 했다. 어느 해에 강의 가운데서 큰 거북이 나타나서 잡았는데, 이 거북의 등에 아래 그림과 같은 신비한 무늬가 새겨져 있었다. 이를 이상하게 여긴 우왕은 이 거북의 등에 새겨진 무늬에 대해 알아보게 하였다. 그 결과 거북의 등에 새겨진 그림은 1부터 9 까지의 숫자를 점의 개수로 나타낸 것이고 가로, 세로로 3 개씩 9 개의 숫자가 적혀 있다는 사실을 알게 되었다. 더 놀라운 것은 이 수들의 배열이 가로, 세로, 대각선으로 더하여도 합이 항상 15 로 같았다는 점이었다. 이것이 바로 마방진의 시초이고, 당시의 사람들은 이것을 아주 귀하게 여겨서 '낙서(洛書)'라고 이름을 지었다고 한다.

4	9	2
3	5	7
8	1	6

▲ 마방진의 예

▲ 거북등의 마방진

(1) 다음은 마방진을 변형한 그림이다. 아래 그림에는 삼각형의 꼭짓점이 9 개가 있고, 정삼각형 7 개를 찾을 수 있다. 각 삼각형의 3 개 꼭짓점에 있는 숫자의 합이 같도록 1, 3, 5, 7, 9, 11, 13, 15, 17 의 9 개 수를 꼭짓점 위치에 써넣으시오. [10 점]

문항분류
수학 STEAM
교과영역
수와 연산

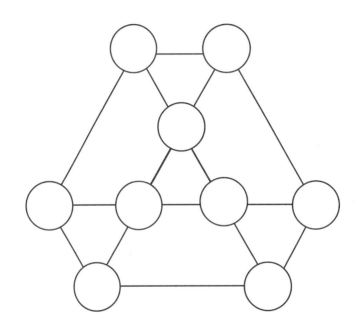

(2) <보기> 의 그림은 조선 시대의 유명한 풍속화가 김홍도가 그린 '씨름' 이
다. 그림에서 각 모서리 방향에 있는 사람들의 수를 세어 보고, 그림의 수
학적 특징을 설명해 보시오. [10 점]

▲ 김홍도의 '씨름'

수학적 특징 :

꾸러미 모의고사

6회

- ▶ 총 문제수 : 8 문제
- ▶ 시험시간 : 70 분
- ▶ 총점 : 100 점
- ▶ 문항에 따라 배점이 다릅니다.
- ▶ 필기구외에 계산기등은 사용할 수 없습니다.

모의고사 점수	나의 점수	총 점수
		100점

유창성
융통성
독창성
정교성

선분 4 개를 사용하여 점 5 개를 모두 연결하는 방법은 무수히 많다. 하지만 점의 위치를 이동했을 때 모양이 같은 것을 하나로 본다면 점을 연결하는 방법은 <보기> 의 3 가지 방법뿐이다. 마찬가지 방식으로 선분 5 개를 이용하여 점 6 개를 모두 연결할 때 나타나는 모양 6 가지를 아래의 빈칸에 그려 보시오. [15 점]

문항분류
영재성검사
교과영역
도형

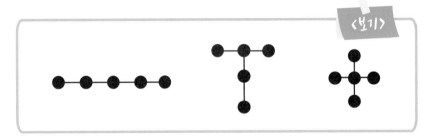

<보기>

나타탈 수 있는 모양

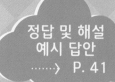

02

☑ 유창성
☐ 융통성
☐ 독창성
☐ 정교성

숫자 1, 2, 3, 4 와 연산 '+' 와 '×' 를 최대 2 개까지 이용하여 <보기> 와 같이 숫자를 만들었다. <보기> 와 같이 숫자 1, 2, 3, 4 를 모두 사용하여 만들 수 있는 20 이하의 수를 아래의 빈칸에 10 가지 적고, 그 식을 쓰시오. (단, 괄호를 사용할 수 있다.) [15 점]

문항분류
영재성검사

교과영역
수와 연산

<보기>

㉠ : $(1 + 2) \times 3 \times 4 = 36$　　→　'+' 한 번, '×' 두 번 사용
㉡ : $12 + 34 = 46$　　→　'+' 한 번 사용
㉢ : $1 + 2 + 34 = 37$　　→　'+' 두 번 사용

1	만들 수 있는 수 : 식 :
2	만들 수 있는 수 : 식 :
3	만들 수 있는 수 : 식 :
4	만들 수 있는 수 : 식 :
5	만들 수 있는 수 : 식 :
6	만들 수 있는 수 : 식 :
7	만들 수 있는 수 : 식 :
8	만들 수 있는 수 : 식 :
9	만들 수 있는 수 : 식 :

03

☑ 문제파악
☑ 문제해결
☑ 정확성

유미네 반과 수재네 반은 일주일에 한 번 반을 합하여 두 시간 연달아 체육 수업을 한다. 이때 학생들은 배드민턴, 줄넘기, 탁구, 피구의 체육 활동 중 두 개를 선택하여 선택한 활동을 각각 1 교시 2 교시에 하나씩 나눠 한다. 이때 최대한 학생들이 겹치지 않게 운동 종목을 선택하게 해도 1 교시와 2 교시에 선택한 운동 종목이 똑같은 학생은 6 명 이상이었다. 유미네 반과 수재네 반을 합한 학생 수는 적어도 몇 명인지 구하되 풀이과정도 함께 쓰시오. (단, 유미네 반과 수재네 반 학생들은 한 명도 빠짐없이 체육 수업에 참여하였다.) [10 점]

문항분류
창의적문제해결력
교과영역
자료와 가능성

풀이과정 :

답 :

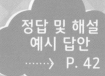

정답 및 해설
예시 답안
······> P. 42

04

✓ 문제파악
✓ 문제해결
✓ 정확성

그림과 같이 가로의 길이가 54 cm, 세로의 길이가 72 cm 인 직사각형의 내부의 한 점에서 각 변을 3 등분한 점을 이어 4 개의 사각형 ⓐ, ⓑ, ⓒ, ⓓ 와 4 개의 삼각형 ㈎, ㈏, ㈐, ㈑ 를 만들었다. 세 사각형 ⓑ, ⓒ, ⓓ 의 넓이의 합이 2160 cm² 일 때, 사각형 ⓐ 의 넓이를 구하되 풀이과정을 함께 제시하시오. [10 점]

문항분류
창의적문제해결력
교과영역
도형

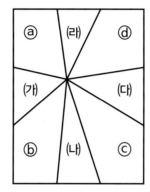

풀이과정 :

답 :

05

☑ 문제파악
☑ 문제해결
☑ 정확성

<보기> 와 같이 전 단계의 도형 3 개를 일자로 이어 붙인 후 이 도형에 접하는 색이 다른 원을 그렸다. 같은 방식으로 <7 단계> 까지 도형을 그렸다. <1 단계> 의 검은 원의 반지름의 길이가 1 cm 일 때, <7 단계> 에서 검은색으로 칠해진 영역의 넓이는 $3.14 \times (3^A - 3^B + 3^C - 3^D + 3^E - 3^F + 3^G)$ cm² 이다. $A + B + C + D + E + F + G$ 의 값을 구하되 풀이과정을 함께 쓰시오. (단, 원주율을 3.14 로 계산하며, 검은색과 흰색만을 사용한다. 또한, $A > B > C > D > E > F > G$ 이다.) [10 점]

문항분류
창의적문제해결력
교과영역
규칙성

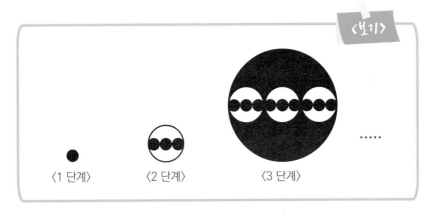

〈보기〉

〈1 단계〉   〈2 단계〉   〈3 단계〉   ······

풀이과정 :

답 :

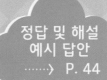

문제파악
문제해결
정확성

아래의 표는 집을 짓기 위한 작업과 그 작업을 끝마치는 데 필요한 작업 일수와 작업의 순서 관계를 나타낸 것이다. 집짓기를 끝마치는 데 필요한 최소의 작업일수를 구하되 풀이과정을 함께 쓰시오. (단, 동시에 여러 작업을 할 수 있다.) [10 점]

문항분류
창의적문제해결력
교과영역
자료와 가능성

	작업 내용	작업일수	먼저 행해져야 할 작업
A	집의 설계	4	없음
B	기초 및 골조공사	18	A
C	배관 공사	7	B
D	전기, 전화 공사	3	B
E	냉난방 공사	5	D
F	미장 공사	9	C, E
G	외부 공사	14	B
H	내부 공사	7	F
I	조경 공사	4	G

풀이과정 :

답 :

꾸러미 48제 모의고사 73

07

☑ 문제파악
☑ 문제해결
☑ 정확성

다음은 내부가 거울로 이루어져 있는 직사각형 모양의 방이다. 점 A 에서 빛이 출발하여 점 C 에 도달하면 다음 통로로 넘어갈 수 있다. 변 AD, 변 AB 의 길이가 각각 26 cm, 13 cm 일 때, 빛이 다음 통로로 넘어갈 때까지 걸린 시간을 몇 초인지 구하되 풀이과정을 함께 쓰시오. (단, 빛이 점 A 에서 점 P 까지 가는 데 걸린 시간은 0.003 초이다.) [10 점]

문항분류
창의적문제해결력
교과영역
수와 연산

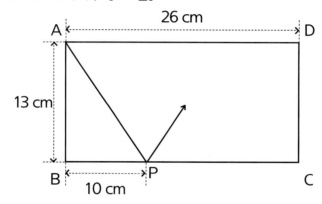

풀이과정 :

답 :

08 다음 자료를 읽고 물음에 답하시오. [20 점]

☑ 문제파악
☑ 문제해결
☑ 정확성

〈자료 1〉

기계식 시계의 내부 장치에는 에너지를 공급하는 장치인 용두와 태엽통이 있다. 그리고 규칙적인 시간의 흐름을 가능하게 하는 탈진기와 탈진바퀴가 있다. 탈진기는 시간의 흐름을 제어하는 시계의 심장과 같은 역할을 한다. 규칙적인 탈진기의 진동은 초침이 붙어 있는 4번 휠로 전달되고, 계속해서 분침이 붙어 있는 3번 휠로, 시침이 붙어 있는 2번 휠로 차례로 전달되어 규칙적인 시간의 흐름을 나타낼 수 있게 된다. 각각의 휠들은 서로 다른 톱니바퀴로 연결되어 있어 각자 다른 속도로 회전한다. 각각의 시곗바늘이 1회전하는 데 걸리는 시간은 초침톱니바퀴는 60초, 분침톱니바퀴는 60분, 시침이 연결되어 있는 톱니바퀴는 12시간이다. 2, 3, 4 번 휠을 바꾸거나 휠이 닳아 변형되면 초침, 분침, 시침이 1 회전하는 데 걸리는 시간이 바뀔 수 있다.

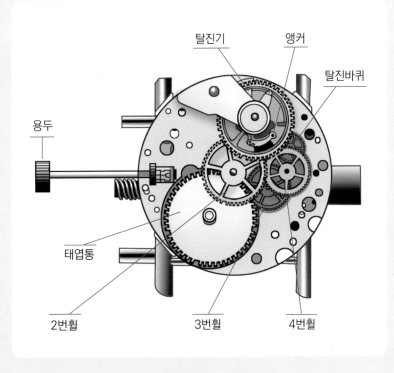

▲ 기계식시계의 내부구조

(1) 민정이의 시계는 1 시간마다 2 분씩 느리게 간다. 민정이는 8 시에 집에서 출발하여 등교 중에 시계를 정확하게 맞추었다. 그 후 3 시에 수업이 끝났는데 이때 표준시계와 민정이의 시계가 정확히 같은 시각을 가리키고 있었다. 민정이가 시계를 맞춘 시각을 표준 시각으로 구하되 풀이과정과 함께 쓰시오. [10 점]

문항분류
수학 STEAM
교과영역
수와연산, 측정

풀이과정 :

답 :　　　시　　　분　　　초

(2) 어떤 시계의 2 번 휠, 3 번 휠, 4 번 휠을 꺼내어 톱니 수가 각각 $\frac{1}{2}$ 배,
$\frac{1}{3}$ 배, 2 배인 휠 A, B, C 로 교체하였다. 시계를 12 시 정각으로 맞춘 후
4 시간 25 분 후에 다시 시계를 보았을 때 시각을 초까지 구하되 풀이과
정을 함께 쓰시오. [10 점]

풀이과정 :

답 :

memo

memo

무한상상

무한상상

아이앤아이

꾸러미 48제 모의고사

정답 및 해설 & 예시 답안

수학
초등4~5

창·의·력·과·학

I&I 아이 앤 아이 시리즈

무한상상

물리
화학
생명과학
지구과학

초등6
초등5
초등4
초등3

영재학교·과학고

꾸러미 48제 **모의고사** (수학/과학)
꾸러미 120제 (수학/과학)
영재교육원 종합대비서 **꾸러미** (수학/과학)

영재교육원·영재성검사

아이앤아이

꾸러미 48제 모의고사

정답 및 해설 & 예시 답안

나의 문제 해결력이 맞는지 체크하고
창의력 점수를 매겨보자

· 총 8 문제입니다. 각 평가표에 있는 기준별로 배점 했습니다. / 단원 끝에서 성취도 등급을 확인하세요.
· 창의적 평가요소 – 유창성 : 타당한 답변의 개수로 평가합니다.

     융통성 : 질문의 의도에 맞는 답변 중 서로 범주가 겹치지 않는 답변의 개수로 평가합니다.

     독창성 : 남들과는 다른 본인만의 방법을 제시하는 것으로 평가합니다.

     정교성 : 주요 단어를 포함한 문장을 제시한 경우 추가적인 점수를 부여합니다. (단, 해당 문항의 총 배점을 넘게 점수를 받을 수 없습니다.)

· 창의적 문제해결력 – 문제 파악 능력 : 문제에서 주어진 것과 구하려고 하는 것이 무엇인지 알고 문제 상황을 이해하는 능력을 평가합니다.

     문제 해결 능력 : 문제에서 주어진 것과 구하려고 하는 것 사이의 관계를 파악하고 적절한 방법을 제시하며 식을 세우는 능력을 평가합니다.

     정확성 : 문제에서 요구하는 정답을 정확하게 계산하는 능력을 평가합니다.

· 수학 STEAM – 융합형 문항으로 창의성 평가와 창의적 문제해결력 평가가 모두 이루어집니다.

· 교과 영역은 수와 연산, 도형, 측정, 규칙성, 자료와 가능성의 총 5 가지 영역에서 고르게 출제하였습니다.

문 01
P. 8

난이도 : 중

문항 분석

——▷ 문항분석 : 나타난 숫자들의 공통점을 최대한 많이 찾게 하여 유창성을 평가하는 문항이다.

평가요소 및 평가표

——▷ 교과영역 및 평가요소 :

교과영역	창의성 평가요소
수와 연산	유창성, 융통성

——▷ 평가표 :

유창성 : 10점			**융통성 : 5점**			
	채점기준	배점		채점기준	배점	
타당한 문장의 개수	1 개당	1점	범주가 다른 문장의 개수	1개	1점	
				2개	3점	
				3개	5점	
총 배점	15 점					

출제자 예시 답안

——▷ 1. 두 자릿수 숫자이다.
  2. 100 이하의 숫자이다.
  3. 3 으로 나누었을 때, 나머지가 1 이다.
  4. 9 로 나누었을 때, 나머지가 1 이다.
  5. 일의 자리 숫자와 십의 자리 숫자의 합이 10 이다.
  6. 일의 자리 숫자와 십의 자리 숫자의 차이가 짝수이다.
  7. 10을 빼면 9 의 배수이다.
  8. 일의 자리 숫자와 십의 자리 숫자를 바꾸어도 3 으로 나누었을 때의 나머지가 1 이다.
  9. 성인의 나이 중 하나이다.
  10. 건물의 층수 중 하나이다.
  11. 속도의 크기 중 하나이다.
  12. 몸무게 중 하나이다.
  13. 시험 점수 중 하나이다.

문 02
P.9

난이도 : 중

문항 분석

→ 문항분석 : 각각의 생각이 성립하지 않는 예를 들어 유창성을 평가하는 문항이다.

평가요소 및 평가표

→ 교과영역 및 평가요소 :

교과영역	창의성 평가요소
자료와 가능성	유창성

→ 평가표 :

유창성 : 15점		
	채점기준	배점
타당한 문장의 개수	1 개	5점
	2 개	10점
	3 개	15점
총 배점		15점

출제자 예시답안

→ 1. 10 명의 몸무게 평균이 50 kg 이라고 해서 무한이네 반 전체 평균이 반드시 50 kg 인 것은 아니다. 예를 들어 몸무게가 50 kg 인 사람이 10 명이고 60 kg 인 사람이 20 명이라면 반 전체 몸무게 평균은 50 kg 보다 크다.

2. 평균이 50 kg 이라고 해서 몸무게가 45 kg ~ 55 kg 인 사람이 65 kg ~ 75 kg 인 사람보다 반드시 많은 것은 아니다. 예를 들어, 20 명이 40 kg 이고 나머지 10 명이 70 kg 이면 반 전체 몸무게의 평균은 50 kg 이다. 그러나 65 kg ~ 75 kg 인 사람은 10 명이 있지만, 몸무게가 45 kg ~ 55 kg 인 사람은 한 명도 없다.

3. 반 몸무게 평균이 50 kg 이라고 해서 몸무게가 50 kg 이상인 사람이 꼭 절반보다 많거나 같은 것은 아니다. 예를 들어, 몸무게가 45 kg 인 사람이 20 명, 몸무게가 60 kg 인 사람이 10 명이면 반 전체의 몸무게 평균은 50 kg 이지만, 몸무게 50 kg 이상인 사람은 10 명뿐이다.

문 03
P.10

난이도 : 중

평가요소 및 평가표

→ 교과영역 및 평가요소 :

교과영역	창의적 문제해결력 평가요소
자료와 가능성, 측정	문제 파악 능력, 문제 해결 능력, 정확성

→ 평가표 :

	채점기준	배점
문제 이해 (문제 파악 능력)	표적의 공통 부분 나타내기	2점
	①,②,③,④ 의 넓이 관계 표시하기	3점
해결 과정 (문제 해결 능력)	공통 표적의 넓이를 구하는 식 세우기	2점
	확률의 식 세우기	1점
정답 (정확성)	문제에서 요구한 정답 구하기	2점
총 배점		10점

—> 풀이과정

과녁 A, B 를 완전히 포개어지게 겹쳤을 때, 과녁 A, B 의 두 표적을 모두 맞힐 확률은 (두 표적의 공통 넓이) ÷ (두 과녁의 공통 넓이) 이다. 두 표적의 공통 넓이를 구해보자. 두 표적을 겹쳐놓으면 아래와 같이 4 개의 영역이 나타난다.

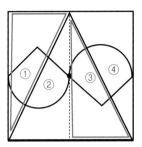

이 중 두 표적의 공통되는 부분의 넓이는 ② + ③ 이며 위의 색칠한 삼각형 안의 모양을 회전시키면 서로 같아지므로 ③ 과 ① 의 넓이가 같다. 따라서 ② + ③ = ② + ① 이다. 이는 삼각형과 반원의 넓이의 합 이므로 $10 \times 20 \div 2 + 10 \times 10 \times 3.14 \div 2 = 257 \ (cm^2)$ 이다. 두 과녁의 공통 넓이는 40×40 $=1600 \ cm^2$ 이므로 구하려는 확률의 값은 $257 \div 1600 = \frac{257}{1600}$ 이다.

—> 정답 : $\frac{257}{1600}$

문 04
P. 11

난이도 : 하

—> 교과영역 및 평가요소 :

교과영역	창의적 문제해결력 평가요소
규칙성	문제 파악 능력, 문제 해결 능력, 정확성

—> 평가표 :

	채점기준	배점
문제 이해 (문제 파악 능력)	1, 3 단계에서 검은 삼각형의 개수 구하기	3점
해결 과정 (문제 해결 능력)	5, 7 단계에서 검은 삼각형의 개수 구하기	5점
정답 (정확성)	문제에서 요구한 정답 구하기	2점
총 배점		10점

—> 풀이과정

가장 겉의 삼각형이 다른 색으로 덮이도록 기존의 삼각형의 변에 다른 색깔의 삼각형을 더해가고 있다. 검은색 삼각형은 1, 3, 5, 7 단계에서 늘어나며 1 단계에서는 1 개, 3 단계에서는 6 개의 삼각형이 늘어난다.

──→ 각 단계가 진행하면서 1 × 3, 2 × 3, 3 × 3 개씩 삼각형이 늘어나므로 <7 단계>에서는 6 × 3 개의 삼각형이 늘어난다. 검은색 삼각형은 홀수 단계에서만 늘어나므로 <7 단계>에서 검은색 삼각형의 개수는 1 + 2 × 3 + 4 × 3 + 6 × 3 = 37 (개) 이다.

──→ 정답 : 37 개

<5 단계>

<6 단계>

<7 단계>

문 05
P. 12

난이도 : 중

──→ 교과영역 및 평가요소 :

교과영역	창의적 문제해결력 평가요소
수와 연산	문제 파악 능력, 문제 해결 능력, 정확성

──→ 평가표 :

	채점기준	배점
문제 이해 (문제 파악 능력)	만난 시각과 헤어진 시각을 A, B 로 표현하기	1점
	분침, 시침이 움직인 각을 식으로 표현하기	2점
해결 과정 (문제 해결 능력)	만난 시각과 헤어진 시각을 구하는 식을 세우기	4점
정답 (정확성)	문제에서 요구한 정답 구하기	3점
총 배점		10점

정답 및 해설

──→ 풀이과정

시침과 분침은 한 시간에 딱 한 번 만난다. 따라서 주희와 수경이가 만난 시각은 8 시에서 9 시 사이에 시침과 분침이 일치할 때이며, 헤어진 시각은 9 시에서 10 시 사이에 시침과 분침이 일치하는 시각이다. 주희와 수경이가 만난 시각을 8 시 A 분이라고 하고, 헤어진 시각을 9 시 B 분이라 하자. 분침은 1 시간동안 $360°$ 를 움직이고, 시침은 1 시간동안 $30°$ 를 움직이므로 분침은 분당 $6°$ 를 움직이고, 시침은 분당 $0.5°$ 를 움직인다. 시계의 12 시 방향을 기준으로 오전 8 시 정각에 시침이 가리키는 각은 30 × 8 = $240°$ 이고, A 분 동안 시침이 움직인 각은 $(0.5 × A)°$ 이다. A 분동안 분침이 움직인 각은 각각 $(6 × A)°$ 이다. 문제 조건에 따라 (분침이 움직인 각) = (원래 시침이 가르키는 각) + (분침이 움직인 각) 이므로 6 × A = 240 + 0.5 × A 이다. 이를 풀면 5.5 × A = 11 ÷ 2 × A = 240 이다. 따라서 A = $\frac{480}{11}$ 이고 주희와 수경이가 만난 시각은 8 시 $\frac{480}{11}$ 분이다. 마찬가지 방법으로 주희와 수경이가 헤어진 시각을 구하면 9 시 $\frac{540}{11}$ 분이다. 두 시각의 차를 구하면 둘이 만난 시간을 알 수 있다. 따라서 둘이 만단 시간은 1 시간 $\frac{60}{11}$ 분이다.

──→ 정답 : 1 시간 $\frac{60}{11}$ 분

문 06
P. 13

난이도 : 중

평가요소 및 평가표

—→ 교과영역 및 평가요소 :

교과영역	창의적 문제해결력 평가요소
규칙성, 측정	문제 파악 능력, 문제 해결 능력, 정확성

—→ 평가표 :

	채점기준	배점
문제 이해 (문제 파악 능력)	1, 2 단계에서 늘어나는 태극 무늬의 넓이 구하기	2점
	규칙적인 성질 제시하기	3점
해결 과정 (문제 해결 능력)	넓이를 구하는 식세우기	2점
정답 (정확성)	문제에서 요구한 정답 구하기	3점
총 배점		10점

정답 및 해설

—→ 풀이과정

태극 무늬는 원의 절반을 색칠한 상태에서 길이를 절반으로 축소한 두 원의 반쪽만큼 색칠해주고 색을 지워 줌으로써 만들 수 있다. 따라서 이러한 과정을 정사각형에 적용하면 아래와 같은 그림을 얻을 수 있다.

〈1 단계〉   〈2 단계〉   〈3 단계〉

한편, <1 단계> 에서 검은색으로 색칠한 넓이는 큰 정사각형의 절반과 같은 50 cm² 이고, <2 단계>, <3 단계> 에서는 각각 $50 \div 4 = 12.5$ cm² , $12.5 \div 4 = 3.125$ cm² 의 넓이가 추가 되므로 <3 단계> 에서 검은색으로 색칠한 영역의 넓이는 $50 + 12.5 + 3.125 = 65.625$ cm² 이다.

—→ 정답 : 65.625 cm²

문 07
P. 14

난이도 : 중

평가요소 및 평가표

—→ 교과영역 및 평가요소 :

교과영역	창의적 문제해결력 평가요소
수와 연산, 자료와 가능성	문제 파악 능력, 문제 해결 능력, 정확성

—→ 평가표 :   (1)

	채점기준	배점
문제 이해 (문제 파악 능력)	각 경우에 해당하는 수 나열하기	1점
해결 과정 (문제 해결 능력)	공통되는 수 찾기	3점
정답 (정확성)	문제에서 요구한 정답 구하기	1점
총 배점		5점

(2)

	채점기준	배점
문제 이해 (문제 파악 능력)	3, 5 묶음의 개수 분류하기	1점
해결 과정 (문제 해결 능력)	각 경우에 해당하는 표 채우기	3점
정답 (정확성)	문제에서 요구한 정답 구하기	1점
총 배점		5점

정답및해설

—→ 풀이과정

(1) 50 이하의 자연수 중에서 2로 나눴을 때 나머지가 1인 숫자는 50 이하의 모든 홀수이다. 50 이하의 자연수 중에서 3으로 나눴을 때 나머지가 2인 숫자는 2, 5, 8, 11, 14, 17, 20, 23, 26, 29, 32, 35, 38, 41, 44, 47, 50 이다. 50 이하의 자연수 중에서 5로 나눴을 때 나머지가 3인 숫자는 3, 5, 8, 13, 18, 23, 28, 33, 38, 43, 48 이다. 이 중 겹치는 홀수 숫자는 23 이므로 주머니안의 구슬의 개수는 23 개이다.

(2) 5 묶음의 개수에 따라 각 묶음이 나타날 수 있는 경우의 수를 나타내 보면 아래의 표와 같다.

5개 묶음	3개 묶음	
		·············· ①
1개	6개	·············· ②
4개	1개	

① 의 경우

(5 묶음) (3 묶음) (3 묶음) (3 묶음) (3 묶음) (3 묶음) (3 묶음)

(3 묶음) (5 묶음) (3 묶음) (3 묶음) (3 묶음) (3 묶음) (3 묶음)

(3 묶음) (3 묶음) (5 묶음) (3 묶음) (3 묶음) (3 묶음) (3 묶음)

(3 묶음) (3 묶음) (3 묶음) (5 묶음) (3 묶음) (3 묶음) (3 묶음)

(3 묶음) (3 묶음) (3 묶음) (3 묶음) (5 묶음) (3 묶음) (3 묶음)

(3 묶음) (3 묶음) (3 묶음) (3 묶음) (3 묶음) (5 묶음) (3 묶음)

(3 묶음) (3 묶음) (3 묶음) (3 묶음) (3 묶음) (3 묶음) (5 묶음)   총 7 가지

② 의 경우

(5 묶음) (5 묶음) (5 묶음) (5 묶음) (3 묶음)

(5 묶음) (5 묶음) (5 묶음) (3 묶음) (5 묶음)

(5 묶음) (5 묶음) (3 묶음) (5 묶음) (5 묶음)

(5 묶음) (3 묶음) (5 묶음) (5 묶음) (5 묶음)

(3 묶음) (5 묶음) (5 묶음) (5 묶음) (5 묶음)   총 5 가지

따라서 구슬을 꺼내는 방법은 총 7 + 5 = 12 가지이다.

—→ 정답 : (1) 23 개 (2) 12 가지

평가요소 및 평가표

⟶ 교과영역 및 평가요소 :

교과영역	창의적 문제해결력 평가요소
수와 연산, 측정	문제 파악 능력, 문제 해결 능력, 정확성

⟶ 평가표 : (1)

	채점기준	배점
문제 이해 (문제 파악 능력)	Q 와 F_2 사이의 거리를 A 로 두기	2점
해결 과정 (문제 해결 능력)	타원 위의 점에서 초점과의 거리의 합이 10cm 임을 나타내기	3점
	A 를 구하는 식 구하기	3점
정답 (정확성)	문제에서 요구한 정답 구하기	2점
총 배점		10점

(2)

	채점기준	배점
문제 이해 (문제 파악 능력)	P 지점과 각 초점과의 거리관계 표시하기	2점
해결 과정 (문제 해결 능력)	거리합을 이용해 근행점과의 거리식 세우기	3점
	거리합을 이용해 원행점과의 거리식 세우기	3점
정답 (정확성)	문제에서 요구한 정답 구하기	2점
총 배점		10점

정답 및 해설

(1) 풀이과정

Q 와 F2 사이의 거리를 A 라고 하자. P 는 F_1 과 F_2 의 중선 위에 있는 점이므로 F_1 과 P 사이의 거리는 F_2 와 P 사이의 거리와 같은 5 cm 이다. 따라서 P 점과 초점사이의 거리의 합은 10 cm 이다. 타원의 모든 점에서 초점과이 합은 일정하므로 F_1 과 Q 사이의 거리와 F_2 와 Q 사이의 거리는 10 cm 이다. F_1 과 Q 사이의 거리는 8.25cm 이므로 10 = 8.25 + A 이다. 띠라서 A = 10 − 8.25 = 1.75 (cm) 이다.

정답 : 1.75 cm

(2) **풀이과정**

먼저 타원의 점에서 초점들까지의 거리의 합이 얼마인지 구하고, 이를 통해 근일점과 원일점에서 태양과의 거리를 구해보자. 지구가 P 점에 있을 때, F_1, F_2 와의 거리는 A 이므로 P 점에서 초점들까지의 거리의 합은 2A 이다. 지구가 근일점에 위치할 때 태양과의 거리를 L 이라 하면, 타원의 성질로부터 L + (L + B) = 2A 이다. 따라서 $L = A - \dfrac{B}{2}$ 이다. 타원은 가로, 세로로 대칭이므로 지구가 원일점일 때 F_2 까지의 거리는 L 과 같다. 따라서 지구가 원일점일 때 태양과의 거리는 $B + L = A + \dfrac{B}{2}$ 이다.

정답 : (지구가 근일점일 때 태양과 지구 사이의 거리)$= A - \dfrac{B}{2}$

(지구가 근일점일 때 태양과 지구 사이의 거리) $= A + \dfrac{B}{2}$

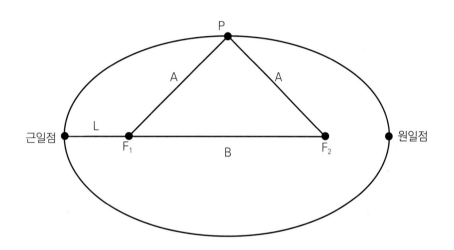

점수에 따른 성취도 등급

등급	1등급	2등급	3등급	4등급	5등급	총점
평가	80 점 이상	60 점 이상 ~ 79 점 이하	40 점 이상 ~ 59 점 이하	20 점 이상 ~ 39 점 이하	19 점 이하	100 점

· 총 8 문제입니다. 각 평가표에 있는 기준별로 배점 했습니다. / 단원 끝에서 성취도 등급을 확인하세요.

· 창의적 평가요소 - 유창성 : 타당한 답변의 개수로 평가합니다.

　　　　　　　융통성 : 질문의 의도에 맞는 답변 중 서로 범주가 겹치지 않는 답변의 개수로 평가합니다.

　　　　　　　독창성 : 남들과는 다른 본인만의 방법을 제시하는 것으로 평가합니다.

　　　　　　　정교성 : 주요 단어를 포함한 문장을 제시한 경우 추가적인 점수를 부여합니다. (단, 해당 문항의 총 배점을 넘게 점수를 받을 수 없습니다.)

· 창의적 문제해결력 - 문제 파악 능력 : 문제에서 주어진 것과 구하려고 하는 것이 무엇인지 알고 문제 상황을 이해하는 능력을 평가합니다.

　　　　　　　문제 해결 능력 : 문제에서 주어진 것과 구하려고 하는 것 사이의 관계를 파악하고 적절한 방법을 제시하며 식을 세우는 능력을 평가합니다.

　　　　　　　정확성 : 문제에서 요구하는 정답을 정확하게 계산하는 능력을 평가합니다.

· 수학 STEAM - 융합형 문항으로 창의성 평가와 창의적 문제해결력 평가가 모두 이루어집니다.

· 교과 영역은 수와 연산, 도형, 측정, 규칙성, 자료와 가능성의 총 5 가지 영역에서 고르게 출제하였습니다.

문 01
P. 20

난이도 : 중

[문항 분석]

──> 문항분석 : 조건에 맞는 도형을 만들게 하여 유창성을 평가하는 문항이다.

[평가요소 및 평가표]

──> 교과영역 및 평가요소 :

교과영역	창의성 평가요소
도형	유창성

──> 평가표 :

유창성 : 15점		
	채점기준	배점
타당한 문장의 개수	1 개당	3점
총 배점		15점

[출제자 예시답안]

──>

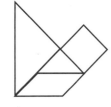
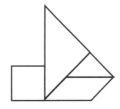
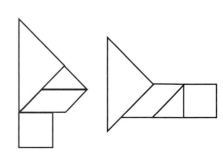

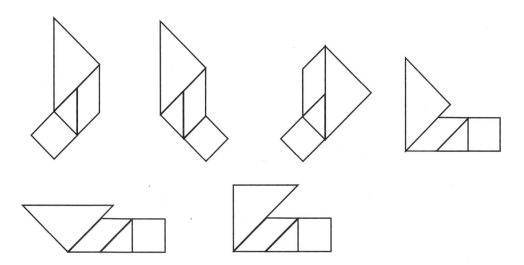

문 02
P. 21

난이도 : 중

문항 분석

⟶ 문항분석 : 그림에서 나타나는 수학적 특징을 찾게하여 유창성을 평가하는 문항이다.

평가요소 및 평가표

⟶ 교과영역 및 평가요소 :

교과영역	창의성 평가요소
도형	유창성

⟶ 평가표 :

유창성 : 15점		
	채점기준	배점
타당한 문장의 개수	1 개당	3점
총 배점		15점

출제자 예시답안

⟶ 1. 계단 손잡이의 기울기는 일정하다.
2. 미끄럼틀 옆면의 모양은 양옆이 서로 같은 모양이다.
3. 지붕은 회전체이다.
4. 물레방아는 돌아갈 수 있는 회전체 모양이다.
5. 기둥들은 지면과 수직이다.

문 03
P. 22

난이도 : 중

평가요소 및 평가표

⟶ 교과영역 및 평가요소 :

교과영역	창의적 문제해결력 평가요소
수와 연산	문제 파악 능력, 문제 해결 능력, 정확성

	채점기준	배점
문제 이해 (문제 파악 능력)	$1 + 2 + \ldots + 9$ 의 값 구하기.	2점
해결 과정 (문제 해결 능력)	㉣ 을 바탕으로 6 과 2 배치하기	2점
	㉢ 을 바탕으로 4 와 7 배치하기	2점
	㉡ 을 바탕으로 3 과 1 배치하기	3점
정답 (정확성)	㉠ 을 바탕으로 8, 9, 5 배치하기	3점
총 배점		10점

정답및해설

—➤ 풀이과정

합이 큰 ㉣, ㉢, ㉡, ㉠ 의 순서로 조건을 만족하는 숫자를 찾아보자. $1 + 2 + 3 + 4 + 5 + 6 + 7 + 8 + 9 = 45$ 이므로 ㉣ 에서 6 과 2 는 양 끝에 놓는다.

6							2	또는	2							6

㉢ 에서 6 부터 4 까지의 합은 36 이고, 2 는 6 과 4 사이에 있지 않으므로 $45 - 36 - 2 = 7$ 만큼의 합의 수가 6 과 4 사이에서 빠진다. 사용할 수 있는 숫자인 1, 3, 5, 7, 8, 9 중에서 합이 7 이 되는 경우는 7 밖에 없으므로 7 이 4 와 2 사이에 놓인다.

6					4	7	2	또는	2	7	4					6

㉡ 에서 1 부터 4 까지의 합이 27 이고, 2, 6, 7 은 1 과 4 사이에 있지 않으므로 $45 - 27 - 2 - 6 - 7 = 3$ 만큼의 수가 1 과 4 사이에서 빠지게 된다. 그런데 사용할 수 있는 숫자인 3, 5, 8, 9 중에서 합이 3 이 되는 경우는 3 밖에 없으므로 1 과 3 이 다음과 같이 놓인다.

6	3	1				4	7	2	또는	2	7	4				1	3	6

㉠ 에서 1 부터 9 까지의 합이 18 이고, 2, 3, 4, 6, 7 은 1 과 9 사이에 있지 않으므로 $45 - 18 - 2 - 3 - 4 - 6 - 7 = 5$ 만큼의 합의 수가 1 과 9 사이에서 빠진다. 사용할 수 있는 숫자는 5 와 8 뿐이므로 5 가 1 과 9 사이에서 빠진다. 따라서 조건을 모두 만족하도록 빈칸에 숫자를 써넣으면 아래와 같다.

6	3	1	8	9	5	4	7	2	또는	2	7	4	5	9	8	1	3	6

—➤ 정답 :

6	3	1	8	9	5	4	7	2	또는	2	7	4	5	9	8	1	3	6

문 04
P.23

난이도 : 중

평가요소 및 평가표

——> 교과영역 및 평가요소 :

교과영역	창의적 문제해결력 평가요소
측정	문제 파악 능력, 문제 해결 능력, 정확성

——> 평가표 :

	채점기준	배점
문제 이해 (문제 파악 능력)	겹쳐진 도형은 ㉠ 과 ㉡ 으로 나누기	2점
해결 과정 (문제 해결 능력)	두 도형의 겹쳐지는 부분의 가장 클 때의 모양 찾기	3점
	겹쳐진 부분의 넓이를 구하는 식 세우기	3점
정답 (정확성)	문제에서 요구한 정답 구하기	2점
총 배점		10점

정답 및 해설

——> 풀이과정

겹쳐지는 부분의 넓이가 가장 클 때 겹쳐지는 부분은 오른쪽과 같다.

(겹쳐진 부분의 넓이) = (㉠ 의 넓이) + (㉡ 의 넓이)

$= (3 \times 7) + ((4 + 10) \times 6 \div 2)$

$= 21 + 42 = 63 \ (\text{cm}^2)$

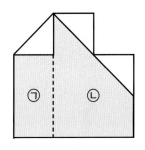

——> 정답 : 63 cm²

문 05
P.24

난이도 : 중

평가요소 및 평가표

——> 교과영역 및 평가요소 :

교과영역	창의적 문제해결력 평가요소
수와 연산	문제 파악 능력, 문제 해결 능력, 정확성

——> 평가표 :

	채점기준	배점
문제 이해 (문제 파악 능력)	2A1 × B = 182C 로 나타내기	2점
해결 과정 (문제 해결 능력)	B 로 가능한 수 나열하여 A 구하기	2점
	B = C, A = D를 이용하여 A, D 구하기	2점
	E, F 에 알맞은 숫자 구하기	2점
정답 (정확성)	A, B, C, D, E, F 모두를 올바르게 구하기	2점
총 배점		10점

——> 풀이과정

일의 자리 곱셈식에서 2A1 × B = 182C 이므로 B = C 이고, B 는 6, 7, 8 중의 하나이다.

B = 6 일 경우 2A1 × 6 = 1826 인 A 가 없다.

B = 7 일 경우 2A1 × 7 = 1827 인 A 가 6 이다.

B = 8 일 경우 2A1 × 8 = 1827 인 A 가 없다.

따라서 A = 6, B = C = 7 이고, 십의 자리 곱셈식 2A1 = 2A1 × 1 = 2D1 이므로 D = 6 이다.

또한 (일의 자리 곱) + (십의 자리 곱) = 1827 + 2610 = 4437 이므로 E = 4, F = 7 이다.

——> 정답 : A = 6, B = 7, C = 7, D = 6, E = 4, F = 7

문 06
P. 25

난이도 : 중

——> 교과영역 및 평가요소 :

교과영역	창의적 문제해결력 평가요소
수와 연산	문제 파악 능력, 문제 해결 능력, 정확성

——> 평가표 :

	채점기준	배점
문제 이해 (문제 파악 능력)	나무와 나무 사이의 간격 A 라 두기.	2점
해결 과정 (문제 해결 능력)	나무의 개수를 구하는 식세우기	5점
정답 (정확성)	문제에서 요구한 정답 구하기	3점
총 배점		10점

——> 풀이과정

나무와 나무 사이의 간격을 A 라 하자. 가로와 세로에 같은 간격으로 나무를 심으려면 나무들의 간격은 48 m 와 72 m 의 공약수가 되어야 한다. 그러면 꼭짓점을 제외하고 직사각형의 세로에 심어지는 나무의 개수는 (72 ÷ A −1) 개이고, 꼭짓점을 제외하고 직사각형의 가로에 심어지는 나무의 개수는 (48 ÷ A −1) 개이다. 따라서 공원 진체에 심어지는 나무의 개수는 8 + (72 ÷ A −1) × 4 + (48 ÷ A −1) ×3 개이다.

따라서 문제 조건에 따라 식을 풀면 아래와 같다.

8 + (72 ÷ A −1) × 4 + (48 ÷ A −1) ×6 = 94

(72 ÷ A −1) × 4 + (48 ÷ A −1) ×6 = 86

(72 ÷ A −1) × 2 + (48 ÷ A −1) ×3 = 43

$(288 \div A) - 5 = 43$

$(288 \div A) = 48$

$6 \div A = 1 . A = 6$

따라서 나무와 나무 사이의 간격은 6 m 이다.

⟶ 정답 : 6 m

문 07
P. 26

난이도 : 중

⟶ 교과영역 및 평가요소 :

교과영역	창의적 문제해결력 평가요소
규칙성	문제 파악 능력, 문제 해결 능력, 정확성

⟶ 평가표 :

	채점기준	배점
문제 이해 (문제 파악 능력)	1, 2, 3 단계에 해당하는 점의 수 구하기	2점
해결 과정 (문제 해결 능력)	추가되는 점의 규칙성 찾기	3점
	4 ~ 6 단계의 점의 수 구하기	3점
정답 (정확성)	문제에서 요구한 정답 구하기	2점
총 배점		10점

정답 및 해설

⟶ 풀이과정

1, 2, 3 단계의 점의 개수는 각각 5 개, 12 개, 22 개 이다. 2 단계에서는 1 단계의 점에 $(3 \times 3 - 2)$ 개의 점이 추가되었고, 3 단계에서는 2 단계에서의 점에 $(4 \times 3 - 2)$ 개의 점이 추가되었다. 이는 추가되는 오각형에의 세 변에 해당하는 점의 개수이다. 따라서 4 단계에서 점의 개수는 $22 + (5 \times 3 - 2) = 22 + 13 = 40$ (개) 이며, 5, 6 단계에서 점의 개수는 각각 $40 + (6 \times 3 - 2) = 40 + 16 = 56$ (개), $56 + (7 \times 3 - 2) = 56 + 19 = 75$ (개)이다. 각 단계에서 추가되는 점의 개수는 2, 3, 4, 5 단계에서 각각 7, 10 ,13, 16 개이다. 추가되는 점의 개수가 3 개씩 늘어나므로 2, 3, 4, 5 단계에서 점의 개수를 각각 $5 + 4 + 3 \times 1$, $5 + 4 + 3 \times 2$, $5 + 4 + 3 \times 3$, $5 + 4 + 3 \times 4$ 이라 할 수 있다. 따라서 97 단계에서 점의 개수는 $5 + 4 + 3 \times 196 = 597$ (개) 이다.

⟶ 정답 : 597 개

평가요소 및 평가표

⟶ 교과영역 및 평가요소 :

교과영역	창의적 문제해결력 평가요소
자료와 가능성	문제 해결 능력

⟶ 평가표 : (1)

	채점기준	배점
해결 과정 (문제 해결 능력)	9 개의 핸드폰을 3 개씩 나누기	4점
	① 의 경우 올바른 방법 제시하기	3점
	② 의 경우 올바른 방법 제시하기	3점
총점		10점

(2)

	채점기준	배점
해결 과정 (문제 해결 능력)	과학적 방법을 이용한 올바른 방법을 제시함	10점
총점		10점

정답 및 해설

(1) 해결방법

먼저 핸드폰을 3 개씩 나누어 세 그룹 A, B, C 로 나누고, A, B 를 각각 양팔 저울에 올린다.

① A 의 무게가 더 가벼울 경우

B 가 무거울 경우는 불량품이 아래와 같은 두 가지 경우이다. (B 가 가벼운 경우도 마찬가지이다.)

ⅰ) A : 2 개, B : 0 개, C : 0 개

ⅱ) A : 1 개, B : 0 개, C : 1 개

이제 무거운 그룹과 C 를 양팔 저울에 올리면 ⅰ, ⅱ 의 경우를 구별할 수 있다. ⅰ 의 경우 A 의 3 개의 핸드폰 중에서 2 개를 양팔 저울에 올리면 불량품이 무엇인지 알 수있다.(무게가 같은 경우 두 핸드폰이 모두 불량품이고, 무게가 다른 경우 가벼운 것과 저울에 올리지 않은 핸드폰이 불량품이다.)

ⅱ 의 경우 A 와 C 의 그룹에 각각 한 번씩 양팔 저울을 사용하면 불량 핸드폰을 찾을 수 있다. (무게가 같은 경우 저울에 올리지 않은 핸드폰이 불량 핸드폰이며, 무게가 다른 경우 가벼운 핸드폰이 불량 핸드폰이다.)

② A, B 의 무게가 같은 경우

A, B 의 무게가 같은 경우는 아래와 같은 두 가지 경우이다.

ⅲ) A : 0 개, B : 0 개, C : 2 개

ⅳ) A : 1 개, B : 1 개, C : 0 개

A 와 C 를 양팔 저울에 올리면 ⅲ, ⅳ 의 경우를 구별할 수 있다. ⅲ 의 경우 C 의 핸드폰 중 2 개를 양팔 저울에 올리면 ⅰ 과 같은 방법으로 불량 핸드폰을 찾을 수 있다. ⅳ 의 경우 ⅱ 와 같은 방법으로 A, B 의 그룹에 각각 한 번씩 양팔 저울을 사용하면 불량 핸드폰을 찾을 수 있다.

(2) 해결방법

(밀도) = (질량) ÷ (부피) 이므로 질량이 같을 때 밀도가 클수록 부피는 작아진다. 금보다 은의 밀도가 더 작으므로 같은 질량일 때 은의 부피가 금의 부피보다 크다. 따라서 눈금실린더를 가득 채운 다음 각 왕관을 눈금실린더 안에 넣었을 때, 두 왕관 중에 넘치는 물의 양이 더 적은 경우가 금으로 만든 왕관이다.

답 : 눈금실린더를 가득 채운 다음 각 왕관을 눈금실린더 안에 넣었을 때, 두 왕관 중에 넘치는 물의 양이 더 적은 경우가 금으로 만든 왕관이다.

점수에 따른 성취도 등급

등급	1등급	2등급	3등급	4등급	5등급	총점
평가	80 점 이상	60 점 이상 ~ 79 점 이하	40 점 이상 ~ 59 점 이하	20 점 이상 ~ 39 점 이하	19 점 이하	100 점

· 총 8 문제입니다. 각 평가표에 있는 기준별로 배점 했습니다. / 단원 끝에서 성취도 등급을 확인하세요.

· 창의적 평가요소 – 유창성 : 타당한 답변의 개수로 평가합니다.

　　　　　　　　융통성 : 질문의 의도에 맞는 답변 중 서로 범주가 겹치지 않는 답변의 개수로 평가합니다.

　　　　　　　　독창성 : 남들과는 다른 본인만의 방법을 제시하는 것으로 평가합니다.

　　　　　　　　정교성 : 주요 단어를 포함한 문장을 제시한 경우 추가적인 점수를 부여합니다. (단, 해당 문항의 총 배점을 넘게 점수를 받을 수 없습니다.)

· 창의적 문제해결력 – 문제 파악 능력 : 문제에서 주어진 것과 구하려고 하는 것이 무엇인지 알고 문제 상황을 이해하는 능력을 평가합니다.

　　　　　　　　　　문제 해결 능력 : 문제에서 주어진 것과 구하려고 하는 것 사이의 관계를 파악하고 적절한 방법을 제시하며 식을 세우는 능력을 평가합니다.

　　　　　　　　　　정확성 : 문제에서 요구하는 정답을 정확하게 계산하는 능력을 평가합니다.

· 수학 STEAM – 융합형 문항으로 창의성 평가와 창의적 문제해결력 평가가 모두 이루어집니다.

· 교과 영역은 수와 연산, 도형, 측정, 규칙성, 자료와 가능성의 총 5 가지 영역에서 고르게 출제하였습니다.

문 01
P. 32
난이도 : 중

문항 분석

⟶ 문항분석 : 조건에 맞는 기준을 찾게하여 유창성과 융통성을 평가하는 문항이다.

평가요소 및 평가표

⟶ 교과영역 및 평가요소 :

교과영역	창의성 평가요소
도형	유창성, 융통성

⟶ 평가표 :

	유창성 : 10점		융통성 : 5점	
	채점기준	배점	채점기준	배점
타당한 문장의 개수	1 개당	2점	범주가 다른 문장의 개수	1개 → 3점
				2개 → 5점
총 배점	15 점			

출제자 예시 답안

⟶ 1. 각 꼭짓점에 모여 있는 면의 개수가 같은지 아닌지

2. 두 밑면의 모양이 같고, 두 밑면이 같은 모양으로 연결된 공간도형인지 아닌지

3. 면의 모양 중에서 발견할 수 있는 도형이 삼각형이냐, 사각형이냐, 오각형이냐에 따라 나눌 수 있다.

4. 한 꼭짓점에서 출발하여 연필을 떼지 않고 모서리를 따라 모든 모서리를 정확히 한 번만 통과한 후에 원래 출발했던 꼭짓점으로 돌아올 수 있는지 아닌지

5. 각 면에 숫자를 적고 주사위처럼 던졌을 때, 각각의 숫자가 나올 확률이 같은지 아닌지

문항 분석

——▷ 문항분석 : 흩어진 정도를 수학적으로 비교할 수 있는 방법을 생각하게 하여 유창성을 평가하는 문항이다.

평가요소 및 평가표

——▷ 교과영역 및 평가요소 :

교과영역	창의성 평가요소
자료와 가능성	유창성

——▷ 평가표 :

유창성 : 15점		
	채점기준	배점
타당한 문장의 개수	1 개당	3 점
총 배점		15점

출제자 예시답안

——▷ 1. 각 점을 연결하여 만들어지는 9 각형의 넓이를 측정하여 비교하면 복동, 종남, 영준 순으로 넓이가 작다.
　　2. 모든 점을 포함하는 가장 작은 원을 그리고 그 원의 반지름을 구하면 복동, 종남, 영준 순으로 길이가 짧다.
　　3. 각 점을 이은 선분 중 가장 긴 선분의 길이를 구하면 복동, 종남, 영준 순으로 길이가 짧다.
　　4. 영준이는 9 점이 모여있고, 종남이는 4 점이 모여있고, 복동이는 어느 두 점도 모여있지 않다.
　　5. 각 점을 연결하여 점 간의 거리를 구해 더한 값을 선분의 개수로 나누면 복동, 종남, 영준 순으로 그 값이 작다.

평가요소 및 평가표

——▷ 교과영역 및 평가요소 :

교과영역	창의적 문제해결력 평가요소
자료와 가능성	문제 파악 능력, 문제 해결 능력, 정확성

——▷ 평가표 :

	채점기준	배점
문제 이해 (문제 파악 능력)	물고기들의 관계 나타내기	2점
해결 과정 (문제 해결 능력)	물고기 두 마리를 같이 넣을 때 방법의 개수를 구하는 식세우기.	3점
	물고기 두 마리를 따로 넣을 때 방법의 개수를 구하는 식세우기.	3점
정답 (정확성)	문제에서 요구한 정답 구하기	2점
총 배점		10점

⟶ 풀이과정

서로 다른 어항에 배치해야 할 물고기들을 아래와 같이 선으로 연결해 보자.

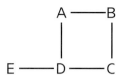

이제 경우를 나눠 물고기들은 어항에 넣어 보자.

① D 와 B 를 같은 어항의 넣는 경우

   D 와 B 를 같은 어항의 넣는 경우는 4 가지이고, B, D 를 넣은 어항을 제외한 나머지 3 개의 어항에 A, C, E 를 넣을 수 있으므로 물고기를 넣는 경우의 수는 4 × 3 × 3 × 3 = 108 (개) 이다.

② D 와 B 를 다른 어항의 넣는 경우

   D 와 B 를 다른 어항의 넣는 경우는 4 × 3 = 12 가지이고, B, D 를 넣은 어항을 제외한 나머지 2 개의 어항에 A, C 를 넣을 수 있으므로 A 와 C 를 어항에 넣는 경우의수는 각각 2 가지이다. E 는 D 를 넣은 어항을 제외한 3 개의 어항에 넣을 수 있다. 따라서 물고기를 넣는 경우의 수는 4 × 3 × 2 × 2 × 3 = 144 (개) 이다.

따라서 물고기를 어항에 나눠 넣을 방법은 108 + 144 = 252 개이다.

⟶ 정답 : 252 개

문 04
P. 35

평가요소및평가표

난이도 : 중

⟶ 교과영역 및 평가요소 :

교과영역	창의적 문제해결력 평가요소
측정	문제 파악 능력, 문제 해결 능력, 정확성

⟶ 평가표 :

	채점기준	배점
문제 이해 (문제 파악 능력)	보조선 BE 를 그어 두 부분으로 나누기	2점
해결 과정 (문제 해결 능력)	□BDEF의 넓이를 △ADE 와 △EFC 넓이 합의 2 배로 나타내기	2점
	(△ADE 의 넓이) = (△EFC 의 넓이) 임을 나타내기.	2점
	□BDEF 의 넓이를 △ADE 의 넓이보 나타내기	2점
정답 (정확성)	문제에서 요구한 정답 구하기	2점
총 배점		10점

⟶ 풀이과정

아래와 같이 보조선 BE 를 그으면 △BDE 는 △ADE 와 높이는 같지만 밑변은 두배이므로 △BDE 의 넓이는 △ADE 의 넓이의 2 배이다. 마찬가지로 △BEF 의 넓이는 △EFC 넓이의 2 배이다. 따라서 색칠한 영역의 넓이는 △ADE 와 △EFC 넓이 합의 2 배이다. 한편, (△ABF 의 넓이) = $10 \times 21 \div 2 = 105 \text{ cm}^2$ 이고, (△DBC 의 넓이) = $15 \times 14 \div 2 = 105 \text{ cm}^2$ 이고, □BDEF 는 두 삼각형의 공통 부분이므로 (△ADE 의 넓이) = (△EFC 의 넓이) 이다. 또한, △ADE 의 넓이는 (△ABF 의 넓이) ÷ 3 = 105 ÷ 5 = 21 cm^2 이므로 □BDEF 의 넓이는 $21 \times 4 = 84 \text{ cm}^2$ 이다.

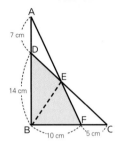

⟶ 정답 : 84 cm^2

문 05
P. 36

난이도 : 하

평가요소 및 평가표

⟶ 교과영역 및 평가요소 :

교과영역	창의적 문제해결력 평가요소
수와 연산	문제 파악 능력, 문제 해결 능력, 정확성

⟶ 평가표 :

	채점기준	배점
문제 이해 (문제 파악 능력)	A − B = C 로 두기	1점
해결 과정 (문제 해결 능력)	A 의 값 구하기	3점
	B 의 값 구하기	3점
정답 (정확성)	문제에서 요구한 정답 구하기	3점
총 배점		10점

⟶ 풀이과정

A − B 의 각 자리 숫자의 합을 구하기 위해 A − B = C 라 두고, C 의 값을 구해보자. 가장 왼쪽에 있는 수부터 큰 숫자를 채워 넣으면 가장 큰 수 A 를 만들 수 있다. 0, 1, 3, 5 가 모두 포함되어야 하므로 A = 555311100000 이다. 한편 B 는 가장 왼쪽의 수가 1 이고 가장 오른쪽부터 큰 수를 채워가면 만들 수 있다. 따라서 그 수 B = 100000113555 이다. 따라서 C = A − B = 455310986445 이다. 따라서 각 자리 숫자의 합은 54 이다.

⟶ 정답 : 54

평가요소 및 평가표

──> 교과영역 및 평가요소 :

교과영역	창의적 문제해결력 평가요소
측정	문제 파악 능력, 문제 해결 능력, 정확성

──> 평가표 :

	채점기준	배점
문제 이해 (문제 파악 능력)	㉠, ㉡, ㉢, ㉣ 각 표시하기	2점
해결 과정 (문제 해결 능력)	㉠, ㉡, ㉢, ㉣ 구하기	4점
정답 (정확성)	문제에서 요구한 정답 구하기	4점
총 배점		10점

정답및해설

──> 풀이과정

㉠ = 180° − 110° = 70° 이다. 사각형 내각의 합은 360° 이므로 90° + ㉠ + ㉡ + 90° = 360° 이다. 따라서 ㉡ =110° 이다. ㉣ = 180° − 130° = 50° 이다. 사각형 내각의 합은 360° 이므로 90° + ㉢ + ㉣ + ㉡ = 360° 이다. 따라서 ㉢ = 110° 이다. 따라서 A = 180° − 110° = 70° 이다.

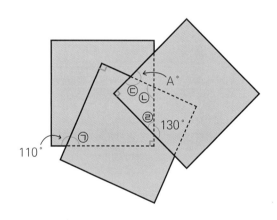

──> 정답 : 70°

문 07
P.38

난이도 : 중

평가요소 및 평가표

→ 교과영역 및 평가요소 :

교과영역	창의적 문제해결력 평가요소
도형, 자료와 가능성	문제 파악 능력, 문제 해결 능력, 정확성

→ 평가표 :　(1)

	채점기준	배점
문제 이해 (문제 파악 능력)	사각형, 오각형, 육각형의 대각선 개수 구하기	1점
해결 과정 (문제 해결 능력)	대각선 개수에 대한 규칙성 찾아내기	2점
	17각형에서 대각선의 개수를 구하는 식 구하기	1점
정답 (정확성)	문제에서 요구한 정답 구하기	1점
총 배점		5점

(2)

	채점기준	배점
문제 이해 (문제 파악 능력)	대각선의 종류 나누기	1점
해결 과정 (문제 해결 능력)	17각기둥에서 대각선의 개수를 구하는 식 구하기	3점
정답 (정확성)	문제에서 요구한 정답 구하기	1점
총 배점		10점

정답 및 해설

→ (1) 풀이과정

사각형, 오각형, 육각형에서 대각선 개수는 각각 2 개, 5 개, 9 개이다. 각각은 2 = 1 × 4 ÷ 2, 5 = 2 × 5 ÷ 2, 9 = 3 × 6 ÷ 2 와 같이 한 꼭짓점에서 그을 수 있는 대각선 개수와 꼭짓점의 개수로 나타낼 수 있다. 17 각형의 한 꼭짓점에서 그을 수 있는 대각선의 개수는 14 개이다. 꼭짓점의 개수만큼 대각선을 그으면 대각선의 개수의 2 배가 되므로 17각형에서 그을 수 있는 대각선의 총 개수는 14 × 17 ÷ 2 개이다. 따라서 17 각형에서 그을 수 있는 대각선의 개수는 14 × 17 ÷ 2 = 119 개이다.

정답 : 119 개

(2) 풀이과정

① 17 각형의 윗면과 밑면에 있는 대각선의 개수는 (1) 에서 구한 값과 같은 119 개 이다.
② 17 각형의 옆면은 17 개의 직사각형이므로 옆면에 있는 대각선의 개수는 2 × 17 = 34 개이다.
③ 17 각형의 윗면의 한 꼭짓점과 밑면의 한 꼭짓점을 이은 대각선의 개수를 알아보자. 윗면의 한 꼭짓점에서 대각선을 그을 수 있는 밑면의 꼭짓점은 14 개이다. 17 각형의 대각선의 개수는 17 개이므로 이러한 대각선은 총 14 × 17 =238 개 있다. 따라서 ①, ②, ③ 에 의해 17 각형의 대각선의 개수는 238 + 34 + 238 = 510 개 이다.

정답 : 510 개

---> 교과영역 및 평가요소 :

교과영역	창의성 평가요소
자료와 가능성	유창성, 정교성

---> 평가표 :

(1)

유창성 : 10점		
	채점기준	배점
타당한 문장의 개수	1 개당	5점
총 배점		10점

(2)

유창성 : 8점			정교성 2점		
	채점기준	배점		채점기준	배점
타당한 문장의 개수	1 개당	4점	정답 맞음	정답 맞음	2점
총 배점		10 점			

정답및해설

---> (1) 이유 : (압력) = $\dfrac{(질량)}{(면적)}$ 이므로 스케이트 날의 날을 얇게하여 면적을 줄이면 압력이 높아진다. 아래의 그래프에서 액체와 고체가 공존하는 선을 살펴보면 압력이 높을수록 온도가 낮아짐을 알 수 있다. 따라서 스케이트의 날은 얼음의 압력을 높여 어는점을 낮추므로 상온에서 얼음이 녹게 된다.

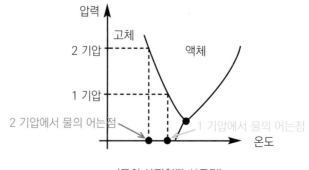

〈물의 상평형과 삼중점〉

(2) 얼음이 더 많이 녹은 판 : 판 A

　　① : 소금물의 끓는점이 더 높으므로 끓고 있는 소금물이 끓고 있는 물보다 온도가 높다.

　　② : 소금물을 얼음에 부으면 소금이 얼음과 만나 얼음의 녹는점을 낮추므로 판 A 의 얼음이 더 많
　　　　이 녹는다.

　　③ : 소금물의 열용량이 더 크기 때문이다. 따라서 얼음판에 열을 더 많이 전달할 수 있다.

──→ 해설 :

(2)

① 물에 소금을 넣었을 때 끓는점의 변화 :

　물에 소금을 넣으면 <자료 2> 의 내용과 같이 물의 상평형그림이 변화한다. 이때, 끓는점은 액체와 기체
가 공존하는 선의 온도이므로 대기압(1 기압)에서 수평으로 점선을 그었을 때 각각 기체와 액체가 공존
하는 선과 만나는 점의 온도가 된다. 이를 그래프에서 그리면 아래와 같다.

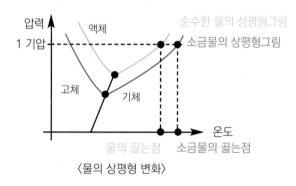

〈물의 상평형 변화〉

결과적으로 소금물의 끓는점이 물의 끓는점 보다 올라가게 된다.

② 소금을 물에 뿌렸을 때 녹는점이 내려가는 이유 :

　소금이 얼음에 녹으면서 발열 반응이 일어난다. 이는 더 낮은 점에서 물을 얼게 한다. 결과적으로 물의
어는점은 내려가게 된다.

③ (열용량) = (질량) × (비열) 이다. 같은 부피에서 소금의 질량이 물보다 크므로 같은 부피를 부었을 때
　소금물의 질량이 물의 질량보다 크게 되어 열용량이 크게 된다. 열용량이 더 크면 열이 더 많으므로 열을
　더 전달할 수 있다.

점수에 따른 성취도 등급

등급	1등급	2등급	3등급	4등급	5등급	총점
평가	80 점 이상	60 점 이상 ~ 79 점 이하	40 점 이상 ~ 59 점 이하	20 점 이상 ~ 39 점 이하	19 점 이하	100 점

· 총 8 문제입니다. 각 평가표에 있는 기준별로 배점 했습니다. / 단원 끝에서 성취도 등급을 확인하세요.

· 창의적 평가요소 – 유창성 : 타당한 답변의 개수로 평가합니다.

　　　　　 융통성 : 질문의 의도에 맞는 답변 중 서로 범주가 겹치지 않는 답변의 개수로 평가합니다.

　　　　　 독창성 : 남들과는 다른 본인만의 방법을 제시하는 것으로 평가합니다.

　　　　　 정교성 : 주요 단어를 포함한 문장을 제시한 경우 추가적인 점수를 부여합니다. (단, 해당 문항의 총 배점을 넘게 점수를 받을 수 없습니다.)

· 창의적 문제해결력 – 문제 파악 능력 : 문제에서 주어진 것과 구하려고 하는 것이 무엇인지 알고 문제 상황을 이해하는 능력을 평가합니다.

　　　　　 문제 해결 능력 : 문제에서 주어진 것과 구하려고 하는 것 사이의 관계를 파악하고 적절한 방법을 제시하며 식을 세우는 능력을 평가합니다.

　　　　　 정확성 : 문제에서 요구하는 정답을 정확하게 계산하는 능력을 평가합니다.

· 수학 STEAM – 융합형 문항으로 창의성 평가와 창의적 문제해결력 평가가 모두 이루어집니다.

· 교과 영역은 수와 연산, 도형, 측정, 규칙성, 자료와 가능성의 총 5 가지 영역에서 고르게 출제하였습니다.

문 01
P. 44

문항 분석

—> 문항분석 : 공간에 있는 점들을 연결하여 다양한 삼각형을 만들게 하여 유창성을 평가하는 문항이다.

난이도 : 중

평가요소 및 평가표

—> 교과영역 및 평가요소 :

교과영역	창의성 평가요소
도형	유창성

—> 평가표 :

유창성 : 15점		
	채점기준	배점
타당한 문장의 개수	1 개당	2.5점
총 배점		15점

출제자 예시 답안

—>

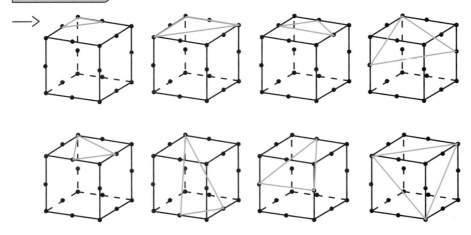

P. 45

난이도 : 하

문항 분석

——> 문항분석 : 조건에 맞는 도형을 찾게하여 유창성을 평가하는 문항이다.

평가요소 및 평가표

——> 교과영역 및 평가요소 :

교과영역	창의성 평가요소
도형	유창성

——> 평가표 :

유창성 : 15점		
	채점기준	배점
타당한 문장의 개수	1 개당	2점
	7 개 전 부 구함	1점
총 배점		15점

출제자 예시답안

——>

① 　② 　③ 　④ 　⑤

⑥ 　⑦

——> 해설 : (1) 아래와 같이 도형을 평면으로 자르면 각 모양을 얻을 수 있다.

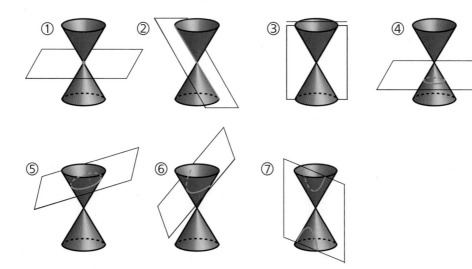

평가요소 및 평가표

——> 교과영역 및 평가요소 :

교과영역	창의적 문제해결력 평가요소
수와 연산	문제 파악 능력, 문제 해결 능력, 정확성

——> 평가표 :

	채점기준	배점
문제 이해 (문제 파악 능력)	◈ 는 자신과 곱해서 일의 자리수가 같은 수임을 나타내기	2점
해결 과정 (문제 해결 능력)	각 경우에서 알맞은 경우 구하기	6점
정답 (정확성)	문제에서 요구한 정답 구하기	2점
총 배점		10점

정답 및 해설

——> 풀이과정

1 부터 9 까지의 숫자 중 자기 자신과 곱해서 일의 자릿수가 같은 것은 0, 1, 5 , 6 뿐이다. <보기> 의 숫자에서 일의 자릿수는 모두 같으므로 ◈ 는 0, 1, 5, 6 중 하나이다. ◈ = 0 인 경우 우변의 십의 자릿수는 ◈ = 0 이어야하므로 ◈ 는 0 이 아니다.

① ◈ = 1 인 경우
- ● = 2 일 때, 21 × 211 = 4431 (X)
- ● = 3 일 때, 31 × 311 = 9641 (X)
- ● = 4 일 때, 41 × 411 = 16851 (X) (● 가 4 이상이면 우변의 수가 다섯 자리가 된다.)

② ◈ = 5 인 경우
- ● = 1 일 때, 15 × 155 = 2325 (X)
- ● = 2 일 때, 25 × 255 = 2325 (X)
- ● = 3 일 때, 35 × 355 = 12425 (X) (● 가 3 이상이면 우변의 수가 다섯 자리가 된다.)

③ ◈ = 6 인 경우
- ● = 1 일 때, 16 × 166 = 2656 (O)
- ● = 2 일 때, 26 × 266 = 6916 (X)
- ● = 3 일 때, 36 × 366 = 16851 (X) (● 가 3 이상이면 우변의 수가 다섯 자리가 된다.)

따라서 ◈ = 6, ● = 1, ▶ = 5, ☆ = 2 이다.

——> 정답 : ◈ = 6, ● = 1, ▶ = 5, ☆ = 2

문 04

P.47

난이도 : 중

⟶ 교과영역 및 평가요소 :

교과영역	창의적 문제해결력 평가요소
수와 연산	문제 파악 능력, 문제 해결 능력, 정확성

⟶ 평가표 :

	채점기준	배점
문제 이해 (문제 파악 능력)	비커 B 의 농도를 구할것으로 두기	2점
해결 과정 (문제 해결 능력)	비커 B 의 농도를 구하는 식세우기	6점
정답 (정확성)	문제에서 요구한 정답 구하기	2점
총 배점		10점

정답 및 해설

⟶ 풀이과정

농도가 4 % 인 소금물 35 g 안의 소금의 양은 비례식에 의해 4 × 0.35 = 1.4 g 가 있고, 농도가 20 % 인 소금물 42 g 안의 소금의 양도 비례식에 의해 20 × 0.42 = 8.4 g 가 있다. 따라서 전체 소금의 양은 1.4 + 8.4 = 9.8 g 이다. 두 비커에서 같은 양의 소금물을 꺼내 서로 바꾸어 넣었으므로 A, B 두 비커에 들어 있는 소금의 총합은 바꾸어 넣기 전과 마찬가지로 9.8 g 이다. 바꾼후 비커 B 의 농도가 12 % 였으므로 비커 B 에는 43 × 0.12 = 5.04 (g) 의 소금이 있고, 비커 A 에는 9.8 − 5.04 = 4.76 (g) 의 소금이 있다. 따라서 비커 B 의 농도는 $\dfrac{4.76}{35}$ × 100 = 13.6 (%) 이다.

⟶ 정답 : 13.6 %

문 05

P.48

난이도 : 중

⟶ 교과영역 및 평가요소 :

교과영역	창의적 문제해결력 평가요소
규칙성	문제 파악 능력, 문제 해결 능력, 정확성

⟶ 평가표 :

	채점기준	배점
문제 이해 (문제 파악 능력)	각 직사각형의 변의 길이 구하기	4점
해결 과정 (문제 해결 능력)	A 를 포함한 직사각형의 변의 길이 구하기.	4점
정답 (정확성)	문제에서 요구한 정답 구하기	2점
총 배점		10점

——> 풀이과정

$13 = 2^2 + 3^2$, $25 = 3^2 + 4^2$, $32 = 4^2 + 4^2$, $41 = 5^2 + 4^2$, $34 = 3^2 + 5^2$ 이다. 즉, 사각형에는 (가로의 길이)^2 + (세로의 길이)^2 의 수가 적혀있다. A 가 적힌 직사각형의 가로의 길이는 2 + 4 = 6 cm 이고, 세로의 길이는 5 – 3 = 2 cm 이다. 따라서 A = $6^2 + 2^2$ = 36 + 4 = 40 이다.

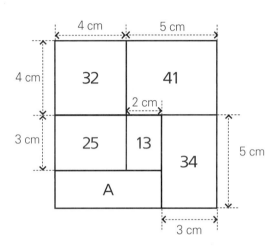

——> 정답 : 40

문 06
P. 49

난이도 : 중

——> 교과영역 및 평가요소 :

교과영역	창의적 문제해결력 평가요소
규칙성	문제 파악 능력, 문제 해결 능력, 정확성

——> 평가표 :

	채점기준	배점
문제 이해 (문제 파악 능력)	늘어나는 칸의 개수만큼 수를 쓸 수 있으므로 늘어나는 칸을 나타내기	2점
해결 과정 (문제 해결 능력)	다섯 번째까지 늘어난 칸의 개수 구하기	3점
	100 이 포함된 세로줄의 숫자 구하기	3점
정답 (정확성)	문제에서 요구한 정답 구하기	2점
총 배점		10점

—→ 풀이과정

늘어나는 칸의 개수만큼 수를 쓸 수 있으므로 늘어나는 칸의 수를 먼저 알아보자. 단계가 늘어나면서 칸 수는 4 (칸), 4 + 12 = 16 (칸), 4 + 12 + 20 = 36 (칸), 4 + 12 + 20 + 28 = 64 (칸), 4 + 12 + 20 + 28 + 36 = 100 (칸) 이다. 다섯 번째 칸의 수는 100 이므로 100 까지 수를 쓸 수 있다. 네 번째 단계에서 64 까지의 수를 쓸 수 있고 다섯 번째 단계에서는 65 부터 100 까지의 수를 쓸 수 있다. 또 첫 번째 단계에서 세로줄은 2 칸, 두번째 단계에서 세로줄은 4 칸, 세 번째 단계에서 세로줄은 6 칸이므로 다섯 번째 단계에서 세로줄은 10 칸입니다. 따라서 100 이 포함된 세로줄은 69, 68, 67, 66, 65, 100, 99, 98, 97, 96 입니다. 따라서 그 합은 69 + 68 + 67 + 66 + 65 + 100 + 99 + 98 + 97 + 96 = 825 이다.

69	70	71	72	73	74	75	76	77	78
68									79
67									80
66									81
65	37	17	5	1	2				82
100	64	36	16	4	3				83
99									84
98									85
97									86
96	95	94	93	92	91	90	89	88	87

—→ 정답 : 825

문 07
P. 50

난이도 : 중

—→ 교과영역 및 평가요소 :

교과영역	창의적 문제해결력 평가요소
자료와 가능성	문제 파악 능력, 문제 해결 능력, 정확성

—→ 평가표 :

	채점기준	배점
문제 이해 (문제 파악 능력)	표에서 ○ 로 표시된 두 과목은 서로 같은 시간에 배치할 수 없음을 나타내기	2점
해결 과정 (문제 해결 능력)	A, B, F, E 를 이용하여 최소 시간이 필요함을 구하기	3점
	실제로 시간을 배치하기	3점
정답 (정확성)	문제에서 요구한 정답 구하기	2점
총 배점		10점

——> 풀이과정

표에서 ○ 로 표시된 두 과목은 서로 같은 시간에 배치할 수 없다. ○ 표시 되어있는 과목들을 서로 선으로 연결하고 맞닿아있는 과목을 서로 다른 시간에 배치해 보자. ○ 표시 되어있는 과목들을 서로 연결하면 <그림 1> 과 같다. 이 중 A, B, F, E 는 전부 연결되어 있으므로 각각은 서로 다른 시간에 배치되어야 한다. 따라서 중복되지 않게 시험을 보기 위해선 최소 4 시간이 필요하다. <그림 2> 와 같이 시간을 배치한 경우 4 시간만에 중복되지 않게 시험을 치를 수 있다. 따라서 필요한 최소 시간은 4 시간이다.

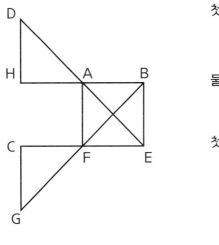

<그림 1>　　　　　　　　　<그림 2>

——> 정답 : 4 시간

문 08
P.51

난이도 : 상

평가요소 및 평가표

——> 교과영역 및 평가요소 :

교과영역	창의성 평가요소	창의적 문제해결력 평가요소
자료와 가능성	유창성	문제 파악 능력, 문제 해결 능력, 정확성

——> 평가표 : (1)

	채점기준	배점
문제 이해 (문제 파악 능력)	빨간 구슬과 파란 구슬의 처음값 구하기	2점
해결 과정 (문제 해결 능력)	1회, 2회, 3회, 4회, 5회에서 빨간 구슬과 파란 구슬의 개수를 각각 구하기	4점
정답 (정확성)	문제에서 요구한 정답 구하기	2점
총 배점		8점

(2)

유창성 : 12점		
	채점기준	배점
타당한 문장의 개수	1 개당	4점
총 배점		12점

정답및해설

——>

(1) 풀이과정

빨간 구슬의 개수는 1 개에서 시작하여 점점 증가하므로 '아니오' 방향으로 알고리즘이 진행하다가, 빨간구슬이 100 개 이상이 될 때, 처음으로 '예' 방향으로 진행하고 알고리즘이 끝난다. 빈 주머니에 각각의 구슬을 한 개씩 넣은 후부터 시작해서 알고리즘을 따라가다가 마름모에 도착한 횟수로 빨간 구슬과 파란 구슬의 개수를 세어보자. 처음에 빨간 구슬과 파란 구슬을 한 개씩있다. 마름모에 처음 다다랐을 때 빨간 구슬의 개수는 $2 \times 1 + 1 = 3$ 개이고, 파란 구슬을 개수는 $1 + 3 = 4$ 개이다. 이와 같은 과정으로 알고리즘을 따라갈 때 이를 표로 정리하면 아래와 같다. 따라서 알고리즘의 결과로 나타나는 개수는 141 (개) 이다.

	처음	1회	2회	3회	4회	5회
빨간 구슬의 개수 (개)	1	3 ($2 \times 1 + 1$)	10 ($2 \times 3 + 4$)	27 ($2 \times 10 + 7$)	64 ($2 \times 27 + 10$)	141 ($2 \times 64 + 13$)
파란 구슬의 개수 (개)	1	4 ($1 + 3$)	7 ($4 + 3$)	10 ($7 + 3$)	13 ($10 + 3$)	16 ($13 + 3$)

정답 : 141 (개)

(2) 예시답안

퍼지이론을 밥솥에 적용했을 때의 장점 :
기존의 전기밥솥보다 좀 더 세밀하게 온도를 통제해 주고 열을 가해 주므로 좀 더 양호한 상태로 밥의 온도를 유지해 더 밥맛이 좋게 한다.

퍼지이론을 지하철에 적용했을 때의 장점 :
속도가 늘어나고 줄어드는 단계를 여러 단계로 나누어서 늘어나거나 줄어들 수 있도록 퍼지이론을 적용했기 때문에 무리하게 멈추거나 출발하는 현상이 줄어들어 지하철을 훨씬 편하게 탈 수 있게 되었다.

퍼지이론을 가로등에 적용했을 때의 장점 :
어두운 정도에 따라 명령을 함으로써 전기를 아끼고, 매일 바뀌는 날씨, 해지는 시간 등의 요소를 융통성 있게 대처할 수 있게 되었다.

점수에 따른 성취도 등급

등급	1등급	2등급	3등급	4등급	5등급	총점
평가	80 점 이상	60 점 이상 ~ 79 점 이하	40 점 이상 ~ 59 점 이하	20 점 이상 ~ 39 점 이하	19 점 이하	100 점

5회 꾸러미 48제 모의고사

· 총 8 문제입니다. 각 평가표에 있는 기준별로 배점 했습니다. / 단원 끝에서 성취도 등급을 확인하세요.
· 창의적 평가요소 – 유창성 : 타당한 답변의 개수로 평가합니다.
　　　　　　　 융통성 : 질문의 의도에 맞는 답변 중 서로 범주가 겹치지 않는 답변의 개수로 평가합니다.
　　　　　　　 독창성 : 남들과는 다른 본인만의 방법을 제시하는 것으로 평가합니다.
　　　　　　　 정교성 : 주요 단어를 포함한 문장을 제시한 경우 추가적인 점수를 부여합니다. (단, 해당 문항의 총 배점을 넘게 점수를 받을 수 없습니다.)
· 창의적 문제해결력 – 문제 파악 능력 : 문제에서 주어진 것과 구하려고 하는 것이 무엇인지 알고 문제 상황을 이해하는 능력을 평가합니다.
　　　　　　　 문제 해결 능력 : 문제에서 주어진 것과 구하려고 하는 것 사이의 관계를 파악하고 적절한 방법을 제시하며 식을 세우는 능력을 평가합니다.
　　　　　　　 정확성 : 문제에서 요구하는 정답을 정확하게 계산하는 능력을 평가합니다.
· 수학 STEAM – 융합형 문항으로 창의성 평가와 창의적 문제해결력 평가가 모두 이루어집니다.
· 교과 영역은 수와 연산, 도형, 측정, 규칙성, 자료와 가능성의 총 5 가지 영역에서 고르게 출제하였습니다.

문 01
P. 56

문항 분석
——> 문항분석 : 일정한 겉넓이를 가진 입체도형을 만들게 하여 유창성을 평가하는 문항이다.

난이도 : 중

평가요소 및 평가표
——> 교과영역 및 평가요소 :

교과영역	창의성 평가요소
도형	유창성

——> 평가표 :

유창성 : 15점		
	채점기준	배점
타당한 문장의 개수	1 개당	1.5점
총 배점		15점

출제자 예시 답안
——>

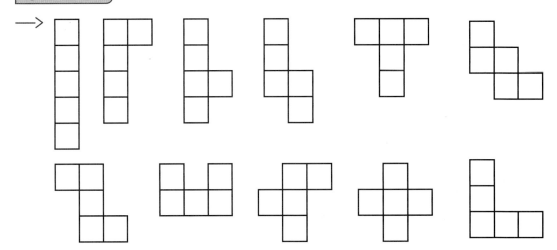

문 02
P. 57

난이도 : 하

문항분석

⟶ 문항분석 : 규칙을 만들어 수를 추측하게 하여 유창성을 평가하는 문항이다.

평가요소및평가표

⟶ 교과영역 및 평가요소 :

교과영역	창의성 평가요소
규칙성	유창성

⟶ 평가표 :

유창성 : 15점		
	채점기준	배점
타당한 문장의 개수	1 개당	3점
총 배점		15점

출제자예시답안

⟶ ① 규칙 1 : 2 (+4) 6 (+2) 8 (+0) 으로 더해지는 숫자가 2 씩 감소한다.
　　빈칸에 들어갈 수 : 8
　② 규칙 2 : 성냥개비 개수가 5, 6, 7, 8 개로 증가한다.
　　빈칸에 들어갈 수 : 16 또는 44 또는 74 또는 47 또는 77
　③ 규칙 3 : 바로 앞에 두 수의 합이 나타난다. (2 + 6 = 8)
　　빈칸에 들어갈 수 : 14
　④ 규칙 4 : 2 (+4) 6 (+2) 8 (+1) 으로 더해지는 숫자가 두배로 줄어든다.
　　빈칸에 들어갈 수 : 0 에서 9 중 하나
　⑤ 규칙 5 : 자신의 두 번째 뒷 수와 자신의 수를 더하면 10 이 된다.
　　빈칸에 들어갈 수 : 4
　⑥ 규칙 6 : 2 (+4) 6 (+2) 8 (+4) 으로 더해지는 숫자가 4, 2 로 반복한다.
　　빈칸에 들어갈 수 : 8

문 03
P. 58

난이도 : 중

평가요소및평가표

⟶ 교과영역 및 평가요소 :

교과영역	창의적 문제해결력 평가요소
수와 연산	문제 파악 능력, 문제 해결 능력, 정확성

⟶ 평가표 :

	채점기준	배점
문제 이해 (문제 파악 능력)	빈칸의 세수를 ⓐⓑⓒ 이라 두기	2점
해결 과정 (문제 해결 능력)	각 경우에서 알맞은 경우 구하기	6점
정답 (정확성)	문제에서 요구한 정답 구하기	2점
총 배점		10점

—→ 풀이과정

빈칸의 세 자리 수 □□□ 를 ⓐⓑⓒ 이라 두고 ㉠ 이 가장 큰 경우의 수부터 찾아보자.

Ⅰ) ㉠ = 9 인 경우

㉠ = 9 인 경우 ⓐ = 2 이다. ⓒ 에 5, 7 이외의 수가 들어가면 연산에서 같은 숫자를 두 번씩 쓰게 되므로 ⓒ 은 5 또는 7 이다.

ⅰ) ⓐ =2, ⓒ = 5 인 경우

```
  2 ⓑ 5
×     4
─────────
  9 ⓛ 0
```
왼쪽 식에서 ⓑ 와 ⓛ 에 들어갈 수 있는 숫자는 1, 3, 6, 7, 8 이다.
ⓑ × 4 에서 1 이 받아올림되므로 ⓑ = 3 이다. 그런데 235 × 4 = 940으로 4 가 두 번 사용되므로 불가하다. (X)

ⅱ) ⓐ =2, ⓒ = 7 인 경우

```
  2 ⓑ 7
×     4
─────────
  9 ⓛ 8
```
에서 ⓑ 와 ⓛ 에 들어갈 수 있는 숫자는 0, 1, 3, 5, 6 이다.
ⓑ × 4 에서 1 이 받아올림되므로 ⓑ = 3 이다. 그런데 237 × 4 = 948으로 4 가 두 번 사용되므로 불가하다. (X)

Ⅱ) ㉠ = 8 인 경우

㉠ = 8 인 경우 ⓐ = 2 이다. ⓒ 에 5, 9 이외의 수가 들어가면 연산에서 같은 숫자를 두 번씩 쓰게 되므로 ⓒ 은 5 또는 9 이다.

ⅰ) ⓐ = 2, ⓒ = 5 인 경우

```
  2 ⓑ 5
×     4
─────────
  8 ⓛ 0
```
왼쪽 식에서 ⓑ 와 ⓛ 에 들어갈 수 있는 숫자는 1, 3, 6, 7, 9 이다.
ⓑ × 4 가 한 자릿수 이므로 ⓑ = 1 이다. 215 × 4 = 860 이다. (O)

ⅱ) ⓐ =2, ⓒ = 9 인 경우

```
  2 ⓑ 9
×     4
─────────
  8 ⓛ 8
```
왼쪽 식에서 ⓑ 와 ⓛ 에 들어갈 수 있는 숫자는 0, 1, 3, 5, 7 이다.
ⓑ × 4 가 한 자릿수 이므로 ⓑ = 0, 1 이다.
ⓑ = 0 이면 209 × 4 = 836 에서 ⓑ = 3 이고 (O),
ⓑ = 1 이면 219 × 4 =876 에서 ⓑ = 7 이다. (O)

따라서 조건을 만족하는 곱셈식 중 가장 큰 세 자릿수가 나오는 곱셈식은 219 × 4 = 876 이다.

—→ 정답 : ㉠ⓛⓒ = 876

문 04
P. 59

난이도 : 중

평가요소 및 평가표

—→ 교과영역 및 평가요소 :

교과영역	창의적 문제해결력 평가요소
도형	문제 파악 능력, 문제 해결 능력, 정확성

—→ 평가표 :

	채점기준	배점
문제 이해 (문제 파악 능력)	문제 상황을 그림으로 나타내기	2점
해결 과정 (문제 해결 능력)	㉠, ㉡ 의 길이 구하기	3점
정답 (정확성)	문제에서 요구한 정답 구하기	2점
총 배점		12점

⟶ 풀이과정

정사각형 3 장이 겹쳐진 모습을 나타내면 <그림 1>과 같다.

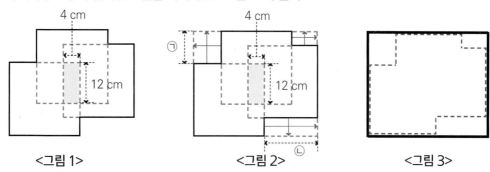

<그림 1>   <그림 2>   <그림 3>

<그림 2> 에서 화살표 방향으로 선분을 옮기면 <그림 3> 을 만들 수 있다. 구하려는 그림의 둘레의 길이는 <그림 3> 의 커다란 직사각형의 둘레의 길이와 같다. 겹쳐진 정사각형들은 한 변의 길이가 24 cm 이므로 ㉠ = 24 −12 = 12 (cm), ㉡ = 24 − 4 = 20 (cm) 이다. 따라서 직사각형 가로의 길이는 24 + 20 = 44 (cm) 이고, 세로의 길이는 24 + 12 = 36 (cm) 이다. 따라서 직사각형의 둘레 길이는 2 × (44 +36) = 2 ×80 = 160 (cm) 이고, 구하려는 그림의 둘레의 길이는 160 cm 이다.

⟶ 정답 : 160 cm

문 05
P. 60

난이도 : 중

⟶ 교과영역 및 평가요소 :

교과영역	창의적 문제해결력 평가요소
자료와 가능성	문제 파악 능력, 문제 해결 능력, 정확성

⟶ 평가표 :

	채점기준	배점
문제 이해 (문제 파악 능력)	49 자리를 7 × 7 자리로 표현하기	4점
해결 과정 (문제 해결 능력)	49 자리를 △ 자리 24 개와 ○ 자리 25 개로 나누기	4점
정답 (정확성)	문제에서 요구한 정답 구하기	2점
총 배점		10점

⟶ 풀이과정

<보기> 에서 자리를 이동하기 전 그림을 아래의 <그림 1> 과 같이 △ 자리와 ○ 자리가 서로 엇갈리게 △ 자리 3 개, ○ 자리 3 개로 나눌 수 있다. 그러면 <보기> 에 따라 이동했을 때, 원래 ○ 자리에 있던 A, E, C 는 △ 자리로 이동하였고, 원래 △ 자리에 있던 B, D, F 는 ○ 자리로 이동한 것이다. 마찬가지로 아래의 <그림 2> 와 같이 49 개 자리를 △ 자리 24 개, ○ 자리 25 개로 나누고, △ 자리와 ○ 자리가 서로 엇갈리게 있다고 하자. 문제의 뜻에 따르면 △ 자리에 앉은 학생이 ○ 자리로, ○ 자리에 앉은 학생이 △ 자리로 옮겨야 한다. 그러나 △ 자리 24 개 (짝수개), ○ 자리 25 개 (홀수개) 이므로 두 자리를 완전히 같게 옮겨 않을 수는 없다.

○△○△○△○
△○△○△○△
○△○△○△○
△○△○△○△
○△○△○△○
△○△○△○△
○△○△○△○

○△○
△○△

<그림 1>　　　　　　<그림 2>

──▷ 정답 : 불가능하다.

문 06
·········
P. 61

난이도 : 중

평가요소 및 평가표

──▷ 교과영역 및 평가요소 :

교과영역	창의적 문제해결력 평가요소
수의 연산	문제 파악 능력, 문제 해결 능력, 정확성

──▷ 평가표 :

	채점기준	배점
문제 이해 (문제 파악 능력)	태연이와 용훈이의 보폭의 비, 속도의 비 구하기	2점
해결 과정 (문제 해결 능력)	태연이와 용훈이의 속력의 비 나타내기	3점
정답 (정확성)	문제에서 요구한 정답 구하기	2점
총 배점		10점

정답 및 해설

──▷ 풀이과정

태연이와 용훈이의 보폭의 비는 7 : 6 이고, 걸의 속도의 비는 4 : 3 이므로 태연이가 7 × 4 = 28 만큼 갈 때, 용훈이는 6 × 3 = 18 만큼 간다. 즉, 태연이와 용훈이의 속력의 비는 28 : 18 = 14 : 9 이다. 따라서 태연이의 걸음을 기준으로 하면 태연이가 14 걸음 만큼의 거리를 가는 동안 용훈이는 9 걸음 만큼의 거리를 가는 것이다. 30 ÷ (14 − 9) = 6 이므로, 태연이가 14 × 6 = 84 걸음 거리를 가면 용훈이는 54 걸음 거리를 가게 되어 태연이는 30 걸음 앞에 있는 용훈이와 만나게 된다.

──▷ 정답 : 84 걸음

문 07
·········
P. 62

난이도 : 중

평가요소 및 평가표

──▷ 교과영역 및 평가요소 :

교과영역	창의적 문제해결력 평가요소
자료와 가능성	문제 파악 능력, 문제 해결 능력, 정확성

──▷ 평가표 :　(1)

	채점기준	배점
문제 이해 (문제 파악 능력)	양말 색깔의 개수 나타내기	1점
해결 과정 (문제 해결 능력)	첫 번째 켤레를 맞추기 위한 최소수 구하기	1점
	두 번째 켤레를 맞추기 위한 최소수 구하기	2점
정답 (정확성)	문제에서 요구한 정답 구하기	1점
총 배점		5점

(2)

	채점기준	배점
문제 이해 (문제 파악 능력)	양말 색깔과 켤레의 개수 나타내기	1점
해결 과정 (문제 해결 능력)	첫 번째 켤레를 맞추기 위한 최소수 구하기	2점
	두 번째 켤레를 맞추기 위한 최소수 구하기	1점
정답 (정확성)	문제에서 요구한 정답 구하기	1점
총 배점		5점

정답 및 해설

→

(1) 풀이과정

10 가지 색깔의 장갑이 들어 있으므로, 좌우 구별이 없는 장갑인 경우는 비둘기집의 원리에 의해 11 개를 꺼내면 반드시 한 켤레의 짝은 맞추게 된다. 맞춰진 한 켤레를 빼 놓으면 다시 9 개가 남게 되는데, 여기에 2 개를 더 꺼내면 11 개가 되어 한 켤레를 다시 맞출 수 있다. 따라서 꺼낸 장갑은 모두 9 + 2 = 11 (개) 이다.

정답 : 11 개

(2) 풀이과정

좌우 구별이 있는 장갑인 경우 10 가지 색깔 모두에서 한 짝만을 12 개씩 꺼낼 경우 한 켤레도 짝을 맞출 수 없다. 그 후 꺼내는 2 개는 반드시 짝이 있으므로 두 켤레를 맞출 수 있다. 따라서 10 × 12 + 2 = 122 (개) 를 꺼내야 한다.

정답 : 122 개

문 08
P. 63

난이도 : 상

평가요소 및 평가표

→ 교과영역 및 평가요소 :

교과영역	창의성 평가요소	창의적 문제해결력 평가요소
수와 연산	유창성	문제 파악 능력, 문제 해결 능력,정확성

→ 평가표 : (1)

유창성 : 10점		
	채점기준	배점
타당한 문장의 개수	1 개	10점
총 배점		10점

(2)

	채점기준	배점
문제 이해 (문제 파악 능력)	사람들의 숫자를 세어 나타내기	3점
해결 과정 (문제 해결 능력)	〈그림 2〉를 가로, 세로로 나누기	5점
정답 (정확성)	문제에서 요구한 정답 구하기	3점
총 배점		10점

정답및해설

⟶

(1)

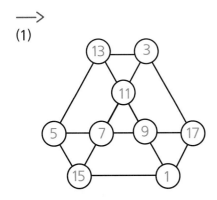

(2) 예시답안

아래와 <그림 1> 과 같이 가운데서 씨름을 하고 있는 두 사람을 기준으로 가로, 세로로 사람들을 나누면 아래 <그림 2> 와 같이 대각선의 합이 같은 X 자 마방진을 찾을 수 있다.

〈그림 1〉   〈그림 2〉

점수에 따른 성취도 등급

등급	1등급	2등급	3등급	4등급	5등급	총점
평가	80 점 이상	60 점 이상 ~ 79 점 이하	40 점 이상 ~ 59 점 이하	20 점 이상 ~ 39 점 이하	19 점 이하	100 점

· 총 8 문제입니다. 각 평가표에 있는 기준별로 배점 했습니다. / 단원 끝에서 성취도 등급을 확인하세요.

· 창의적 평가요소 – 유창성 : 타당한 답변의 개수로 평가합니다.

융통성 : 질문의 의도에 맞는 답변 중 서로 범주가 겹치지 않는 답변의 개수로 평가합니다.

독창성 : 남들과는 다른 본인만의 방법을 제시하는 것으로 평가합니다.

정교성 : 주요 단어를 포함한 문장을 제시한 경우 추가적인 점수를 부여합니다. (단, 해당 문항의 총 배점을 넘게 점수를 받을 수 없습니다.)

· 창의적 문제해결력 – 문제 파악 능력 : 문제에서 주어진 것과 구하려고 하는 것이 무엇인지 알고 문제 상황을 이해하는 능력을 평가합니다.

문제 해결 능력 : 문제에서 주어진 것과 구하려고 하는 것 사이의 관계를 파악하고 적절한 방법을 제시하며 식을 세우는 능력을 평가합니다.

정확성 : 문제에서 요구하는 정답을 정확하게 계산하는 능력을 평가합니다.

· 수학 STEAM – 융합형 문항으로 창의성 평가와 창의적 문제해결력 평가가 모두 이루어집니다.

· 교과 영역은 수와 연산, 도형, 측정, 규칙성, 자료와 가능성의 총 5 가지 영역에서 고르게 출제하였습니다.

문 01
P. 68

난이도 : 중

문항 분석

⟶ 문항분석 : 조건에 맞는 도형을 만들게 하여 유창성을 평가하는 문항이다.

평가요소 및 평가표

⟶ 교과영역 및 평가요소 :

교과영역	창의성 평가요소
도형	유창성

⟶ 평가표 :

유창성 : 15점		
	채점기준	배점
타당한 문장의 개수	1 개당	2.5점
총 배점		15점

출제자 예시답안

⟶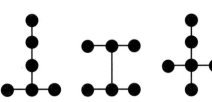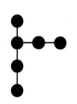

문항 분석

⟶ 문항분석 : 조건에 맞는 식을 만들어 유창성을 평가하는 문항이다.

난이도 : 하

평가요소 및 평가표

⟶ 교과영역 및 평가요소 :

교과영역	창의성 평가요소
수와 연산	유창성

⟶ 평가표 :

유창성 : 15점		
	채점기준	배점
타당한 문장의 개수	1~3개	5점
	4~6개	10점
	7~9개	15점
총 배점		15점

출제자 예시 답안

⟶ 1) 9 = (2 + 3 + 4) × 1 또는 2 + 3 + 1 × 4 또는 2 + 4 + 1 × 3 또는 4 + 3 + 1 × 2
2) 10 = 1 × 4 + 2 × 3
3) 11 = 1 × 3 + 2 × 4 또는 1 + 2 × 3 + 4
4) 12 = 3 + 2 × 4 + 1
5) 14 = 1 × 2 + 3 × 4 또는 1 + 3 × 4 + 2 또는 (3 + 4) × 1 × 2
6) 16 = (1 + 3 + 4) × 2
7) 18 = (2 + 4) × 1 × 3
8) 19 = 3 + 4 + 12 또는 2 + 4 + 13 또는 2 + 3 + 14
9) 20 = (2 + 3) × 1 × 4

평가요소 및 평가표

⟶ 교과영역 및 평가요소 :

교과영역	창의적 문제해결력 평가요소
자료와 가능성	문제 파악 능력, 문제 해결 능력, 정확성

난이도 : 중

⟶ 평가표 :

	채점기준	비점
문제 이해 (문제 파악 능력)	구해야할 대상을 학생수로 둠	2점
해결 과정 (문제 해결 능력)	4 개의 운동을 1, 2교시에 배치하는 경우의 수 구하기	3점
	두 반의 학생수를 구하는 식 세우기	3점
정답 (정확성)	문제에서 요구한 정답 구하기	2점
총 배점		10점

정답및해설

——> 풀이과정

배드민턴, 줄넘기, 탁구, 피구를 1 교시, 2 교시에 할 수 있는 경우의 수는 아래의 표와 같이 12 가지이다.

	활동 내용											
1 교시	배드민턴	배드민턴	배드민턴	줄넘기	줄넘기	줄넘기	탁구	탁구	탁구	피구	피구	피구
2 교시	줄넘기	탁구	피구	배드민턴	탁구	피구	배드민턴	줄넘기	피구	배드민턴	줄넘기	탁구

1, 2 교시에 활동을 하는 위의 12 가지 경우가 모두 5 명씩 있을 때, 한 명의 학생을 추가하면 비둘기집 원리에 의해 두 교시 모두 같은 활동을 하는 학생이 6 명인 경우가 반드시 생긴다. 따라서 유미네 반과 수재네 반을 합한 학생은 적어도 12 × 5 + 1 = 61 명 이상이어야 한다.

——> 정답 : 61 명

문 04
P. 71

난이도 : 중

평가요소 및 평가표

——> 교과영역 및 평가요소 :

교과영역	창의적 문제해결력 평가요소
도형	문제 파악 능력, 문제 해결 능력, 정확성

——> 평가표 :

	채점기준	배점
문제 이해 (문제 파악 능력)	사각형 ⓐ 의 넓이를 구해야할 값으로 두기	2점
해결 과정 (문제 해결 능력)	삼각형 (가) 와 (다), 삼각형 (나) 와 (라) 의 넓이의 합 구하기	3점
	사각형 ⓐ 의 넓이를 구해야할 식 세우기	3점
정답 (정확성)	문제에서 요구한 정답 구하기	2점
총 배점		12점

정답및해설

——> 풀이과정

삼각형 (가) 와 (다) 의 밑변의 길이는 72 ÷ 3 = 24 (cm) 이고, 높이의 합은 54 cm 이다. 따라서 (삼각형 (가) + (다) 의 넓이) = 72 ÷ 3 × 54 ÷ 2 = 648 (cm²) 이다. 삼각형 (나) 와 (라) 의 밑변의 길이는 54 ÷ 3 = 18 (cm) 이고, 높이의 합은 72 cm 이다. 따라서 (삼각형 (나) + (라) 의 넓이) = 54 ÷ 3 × 72 ÷ 2 = 648 (cm²) 이다. (사각형 ⓐ 의 넓이) = (직사각형의 넓이) − (사각형 ⓑ, ⓒ, ⓓ 의 넓이의 합) − (삼각형 (가), (나), (다), (라) 의 넓이의 합) = (72 × 54) − 2160 − (648 × 2) = 3888 − 2160 − 1296 = 432 (cm²) 이다.

——> 정답 : 432 cm²

평가요소 및 평가표

───▶ 교과영역 및 평가요소 :

교과영역	창의적 문제해결력 평가요소
규칙성	문제 파악 능력, 문제 해결 능력, 정확성

───▶ 평가표 :

	채점기준	배점
문제 이해 (문제 파악 능력)	〈7 단계〉 에서 검은색의 넓이를 구할것으로 두기	2점
해결 과정 (문제 해결 능력)	〈7 단계〉 에서 검은색의 넓이를 구하는 식으로 두기	6점
정답 (정확성)	문제에서 요구한 정답 구하기	2점
총 배점		10점

정답 및 해설

───▶ 풀이과정

<7 단계> 에서 가장 큰 원을 살펴보자. 가장 큰 원은 홀수 단계에서 검은색이므로 가장 큰 원은 검은 색이다.

① 반지름의 길이는 3 배씩 커지므로 <7 단계> 에서 가장 큰 원의 반지름 길이는 3^6 cm 이고, 개수는 1 개이다.

② 두 번째로 큰 원은 흰색이고 반지름의 길이는 $3^6 \div 3 = 3^5$ (cm) 이며 그 개수는 3 개이다. 마찬가지로

③ 세 번째, 네 번째 ...7 번째로 큰 원의 반지름과 개수를 구해보면, 반지름의 길이는 3 배씩 줄어들고, 개수는 3 배씩 많아진다.

검은색과 흰색이 교대로 나오므로 <7 단계> 에서 검은색 영역의 넓이 $(3^6 \times 3^6 \times 3.14) \times 1 - (3^5 \times 3^5 \times 3.14) \times 3 + (3^4 \times 3^4 \times 3.14) \times 3^2 - (3^3 \times 3^3 \times 3.14) \times 3^3 + (3^2 \times 3^2 \times 3.14) \times 3^4 - (3 \times 3 \times 3.14) \times 3^5 + (1 \times 1 \times 3.14) \times 3^6$ (cm^2) 이다. 이를 3.14 로 묶으면

$3.14 \times (3^{12} - 3^{11} + 3^{10} - 3^9 + 3^8 - 3^7 + 3^6)$ cm^2 이다. 따라서 A, B, C, D, E, F, G 의 값은 각각 12, 11, 10, 9, 8, 7, 6 이며 이들의 합은 63 이다.

───▶ 정답 : 63

평가요소 및 평가표

───▶ 교과영역 및 평가요소 :

교과영역	창의적 문제해결력 평가요소
자료와 가능성	문제 파악 능력, 문제 해결 능력, 정확성

→ 평가표 :

	채점기준	배점
문제 이해 (문제 파악 능력)	각 작업들의 관계 그림으로 나타내기	4점
해결 과정 (문제 해결 능력)	①, ②, ③ 에서 작업 일수 구하기	4점
정답 (정확성)	문제에서 요구한 정답 구하기	2점
총 배점		10점

정답및해설

→ 풀이과정

표에서 나타난 작업을 꼭짓점으로 나타내고 바로 전에 행해져야 할 작업을 왼쪽에 두어 연결하면 아래와 같다.

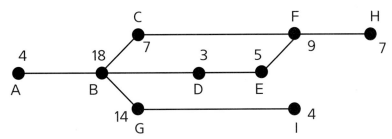

H, I 까지 완료되어야 작업이 끝나므로 A 에서 시작하여 H, I 까지 가는 길을 찾아보면 아래의 세 가지이다.

① A - B - C - F - H : 45 일 걸림
② A - B - D - E - F - H : 46 일 걸림
③ A - B - G - I : 40 일 걸림

이 중 가장 오래 걸리는 것은 ② 로 46 일이다. 46 일 동안 ①, ③ 의 작업을 마치면 되므로 최소의 작업 일수는 46 일이 된다.

→ 정답 : 46 일

문 07
P. 74

난이도 : 중

평가요소 및 평가표

→ 교과영역 및 평가요소 :

교과영역	창의적 문제해결력 평가요소
수와 연산	문제 파악 능력, 문제 해결 능력, 정확성

→ 평가표 :

	채점기준	배점
문제 이해 (문제 파악 능력)	빛이 C 지점까지 도착하는데 걸리는 시간을 구할 것으로 두기	2점
해결 과정 (문제 해결 능력)	시간을 구하는 식 세우기	8점
정답 (정확성)	문제에서 요구한 정답 구하기	2점
총 배점		10점

──> 풀이과정

두 점 A, P사이의 거리는 10 cm 이므로 26 과 10 의 최소공배수인 130 cm 까지 두 점 A, P 에 이르는 과정과 두 점 P, A₁ 에 이르는 과정을 합쳐 13 번 반복하면 13 은 홀수이므로 빛은 점 C 에 도달하게 된다. 따라서 빛이 C 지점까지 도착하는 데까지 걸리는 시간은 0.003 × 13 = 0.039 (초) 이다.

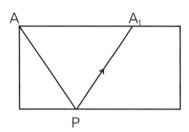

──> 정답 : 0.0039 초

문 08
·········
P.75

난이도 : 상

평가요소및평가표

──> 교과영역 및 평가요소 :

교과영역	창의적 문제해결력 평가요소
수와 연산, 측정	문제 파악 능력, 문제 해결 능력,정확성

──> 평가표 :

(1)

	채점기준	배점
문제 이해 (문제 파악 능력)	민정이가 학교에 도착한 시각을 구하려는 것으로 두기	3점
해결 과정 (문제 해결 능력)	민정이의 시계로 오후 3 시까지 에 흐른 표준 시간 구하기	5점
정답 (정확성)	문제에서 요구한 정답 구하기	3점
총 배점		10점

(2)

	채점기준	배점
문제 이해 (문제 파악 능력)	4 시간 25 분 후에 시계의 시각을 구할 것으로 두기	2점
해결 과정 (문제 해결 능력)	시계의 시각을 구하는 식 구하기	5점
정답 (정확성)	문제에서 요구한 정답 구하기	3점
총 배점		10점

—→

(1) 풀이과정

오전 9 시에서 오후 3 시까지의 시간은 6 시간이다. 민정이는 8 시와 9 시 사이에 시간을 맞췄으므로 민정이의 시계로 도착시각으로부터 오후 3 시까지 표준 시각으로 58 분, 56 분, 54 분, 52 분, 50 분, 48 분이 흘렀다. 따라서 표준 시각으로 총 348 분의 시간이 흘렀다. 6 시간은 360 분 이므로 민정이는 360 − 348 = 12 분 일찍 온 것이다. 따라서 민정이가 학교에 도착한 시각은 표준 시각으로 8 시 48 분이다.

정답 : 8 시 48 분

(2) 풀이과정

① 표준 시계에서는 초침이 60 칸 움직여야 분침이 한 칸 움직이며, 분침이 60 칸 움직여야 시침이 한 칸 움직이며, 분침이 60 칸씩 12 번을 움직여야 시침이 한 번 회전한다.

② 휠을 A, B, C 로 바꾸면 초침이 120 칸 움직여야 분침이 한 칸 움직이며, 분침이 20 칸 움직여야 시침이 한 칸 움직이며, 분침이 20 칸씩 6 번을 움직여야 시침이 한 번 회전한다.

③ 탈진기의 진동은 일정하므로 초침은 1 회전하는데 2 분이 걸린다. 분침이 20 칸 움직일 때 시침이 한 칸 움직이므로 시침이 한 칸 움직이는데 2 × 20 = 40 (분) 이 걸린다. 또한 시침이 6 칸을 이동할 때 1 회전하므로 시침은 12 정각부터 40 분 마다 2 시, 4 시, 6 시, 8 시, 10 시, 12 시를 반복하여 가리킨다.

④ 4 시간 25 분은 265 분이며 265 = 6 × 40 + 20 + 5 라 쓸 수 있다. 그러면 시침은 6 칸 움직였으며, 분침은 1 회전하는데 40 분이 걸리므로 20 분 동안에는 반 바퀴를 이동하여 숫자 '6' 을 가리키고 있을 것이다. 5 = 2 × 2 + 1 이므로 초침은 2 바퀴하고도 반 바퀴를 더 회전했을 것이다.
따라서 시계는 12 시 32 분 30 초를 가르키고 있다.

정답 : 12 시 32 분 30 초

점수에 따른 성취도 등급

등급	1등급	2등급	3등급	4등급	5등급	총점
평가	80 점 이상	60 점 이상 ~ 79 점 이하	40 점 이상 ~ 59 점 이하	20 점 이상 ~ 39 점 이하	19 점 이하	100 점

마무리하기

· 아래의 표를 채우고 스스로 평가해 봅시다.

점수하기

단원	1회	2회	3회	4회	5회	6회
점수						
등급						

· 총 점수 :   / 600 점
· 평균 등급 :

전체 점수 성취도 등급

등급	1등급	2등급	3등급	4등급	5등급	총 점
평가	481 점 이상	361 점 이상 ~ 480 점 이하	241 점 이상 ~ 360 점 이하	121 점 이상 ~ 240 점 이하	120 점 이하	630 점
	대단히 우수, 수학 영재임	영재성이 있고 우수, 전문가와 상담 요망	영재성 교육을 하면 잠재능력 발휘할 수 있음	영재성을 길러주면 발전될 가능성 있음	어떤 부분이 우수한지 정밀 검사 요망	

스스로 평가하기

· 자신이 자신있는 단원과 부족한 단원을 말해보고, 앞으로의 공부 계획을 세워봅시다.

력과학 **세페이드** 시리즈 – 창의력과학의 결정판, 단계별 영재 대비서

중등 기초
리(상,하), 화학(상,하)

2F 중등 완성
물리(상,하), 화학(상,하),
생명과학(상,하), 지구과학(상,하)

3F 고등 I
물리(상,하), 물리
영재편(상,하), 화학(상,하), 생
명과학(상,하), 지구과학(상,하)

고등 II
리(상,하), 화학(상,하), 생명과학
재편,심화편), 지구과학(상,하)

5F 영재과학고 대비 파이널
(물리, 화학)/
(생물, 지구과학)

세페이드 모의고사

세페이드 고등 통합과학

창의력과학 **아이앤아이 I&I** 시리즈 – 특목고, 영재교육원 대비 종합서

창의력 과학 아이앤아이 I&I 중등
리(상,하)/화학(상,하)/
명과학(상,하)/지구과학(상,하)

창의력 과학 아이앤아이 I&I 초등 3~6

영재교육원 수학과학 종합대비서
아이앤아이 꾸러미

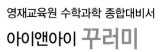

아이앤아이 영재교육원 대비
꾸러미 120제 (수학 과학)

아이앤아이 영재교육원 대비
꾸러미 모의고사 (수학 과학)

아이앤아이 영재교육원 대비

꾸러미 48제 모의고사

Ⅰ 영재교육원 준비 방법을 제시했습니다.

Ⅱ 1 회당 8 문항 총 6 회분 으로 구성하였습니다.

Ⅲ 각 회당 영재성검사 평가문제 2 문항, 창의적 문제해결력 5 문항, STEAM(융합) 형 문제 1 문항으로 구성하였습니다.

Ⅳ 각 교과영역, 창의성 영역, 창의적문제해결력 영역을 골고루 배분하여 출제하였습니다.

Ⅴ 출제자 예시답안 및 각 영역별 평가표를 제시하여 스스로 채점할 수 있게 하였습니다.

무한상상